「手殘媽咪也會做！120道親子野餐料理全攻略」暢銷增功版

PARENTAL SNACKS

手作營養 親子常備料理

· 120道壽司飯捲 ·

· 三 明 治 點 心 ·

· 輕 食 特 餐 ·

天天都是野餐好日子

作者——小潔

小潔一直是我心中十項全能的女超人！從家庭的經營、部落格寫文、粉絲團分享、團購事業到食譜書，每一樣工作都是以摩羯座認真工作狂的姿態去完成，做得令人讚嘆折服。上一本副食品書出版時，我家孩子都已脫離副食品階段，這次野餐書的推出，正好符合家有小學生與幼兒園生媽媽們的需求（笑）。現在的小朋友，戶外教學、班級聚會的機會很多，時常需要準備外出方便食用的餐點。小二的女兒三月去了戶外教學一天，中午要自備午餐，對準備「攜帶出外的食品」很苦手的媽媽我，最後準備了餅乾麵包跟罐裝飲料交差了事（掩面）。女兒回來時提到同學 A 的媽媽準備了可愛的卡通便當、同學 B 的媽媽準備了方便食用的壽司捲，一臉羨慕的模樣讓我都快羞愧而死了。

不過沒關係，現在手邊有了小潔的野餐食譜書，裡頭從器具、食材、餐點、飲料通通都有詳細的介紹與說明，怕麻煩也不用擔心，因為餐點步驟也都好簡單，準備起來輕鬆沒壓力，完全是懶媽福音。除了飯食餐點，也有甜點跟飲料的介紹，書中提供了 120 道食譜，讓人看了忍不住想馬上找個天氣和煦的下午，提著豐富又營養的手作餐點，帶著孩子來一場野餐約會啊！

　　　　　　　　　　　　珊卓。心生活　　珊卓

很開心能有這個榮幸來為小潔媽咪的第二本新書寫序，一樣身為媽咪，小潔讓我看到媽咪無比堅強的韌性，真的要當了媽媽之後才能體會媽咪的生活是如此的繁瑣與忙碌，而小潔媽咪不僅能在一打二搞定雙寶外，還能擠出時間為所有媽咪謀福利完成了她第二本書，這對許多新手媽咪或是廚房幼幼班的媽咪來說，真的就像看到了救星一樣！

記得自己剛生完胖胖後，我雖然本來就很愛煮飯，但對小小孩的料理卻是摸不著頭緒，雖然網路的世界已經很發達，但是我自己還是喜歡有書籍可以參考比較方便，記得當時副食品的書我可是也膜拜了好幾本（笑）。漸漸地當胖胖越來越大，在美國上學也都要自備便當，甚至外出野餐的機會也越來越多，我自己也愛上手作愛心便當與點心給胖胖。網路上雖然可以找到一些資訊，但真的還是有一本書籍在手更容易上手，所以當我看到小潔這本新書時，就好像很有默契般的會心一笑，因為它就是我們這些想做可愛健康的點心野餐便當，卻又毫無頭緒的媽咪們的一盞明燈啊（拜），真的很推薦給大家！

　　很愛吃也很愛煮的　　胖胖麻　　誠心推薦

放下 3C 產品，帶著自製手作料理，與孩子一起共渡美好的野餐時光吧！

　　在台灣其實春夏秋冬，只要沒有下雨就是很好的野餐季節，非常推薦各位家長們放下 3C 產品，帶著孩子走向戶外，哪怕是漫無目的在公園閒晃都好，只要帶著幾樣食物、零食、點心，再加上些許玩具、一張大大的野餐墊，就可以到視野開闊的綠草地野餐了。

　　這本食譜書是延續著上一本副食品精神，以孩子為中心去規劃，主要都是以少油、少鹽、少調味食譜來介紹，大人、小孩都很適合吃，跟著孩子吃著少調味的自然食物，一邊在戶外享受野餐的親子樂趣，就是開心又愜意的事了。

　　書裡面介紹的食譜，幾乎都是我在部落格尚未發表過的作品，我將自己常做的幾道食譜調整，使料理的步驟更簡單，就算是廚藝新手也能輕鬆上手喔！家長們可以每次野餐前，都翻閱這本書的食譜來自製料理，因為裡面介紹了 120 道食譜，也能讓孩子每次野餐，都有不同的菜色吃呢！

　　野餐是一件很輕鬆的事，因此每一道料理請以輕鬆的心情來面對，不需有壓力地準備即可。當然你也可以透過小道具的輔助，例如小叉子、小模具等等，讓每道料理展現不一樣的視覺效果，讓我們的料理不僅好吃，在視覺上又能讓我們看了也有好心情喔！

　　就在這美麗的春夏天，讓我們一起帶著孩子走向戶外，輕鬆地野餐吧！

本書作者　小潔

目錄

PART 1 親子野餐趣！行前準備與規劃

Contents

PART 2 壽司飯捲類, 營養滿點超美味

PART 3 美味點心類，孩子吃得好滿足

PART 4 輕爽輕食類，少油健康零負擔

PART 1
親子野餐趣！
行前準備與規劃

煩惱野餐要吃什麼？買現成點心怕不營養？
想自己動手做又怕難上手？
本單元公開各種食材營養素小知識、
野餐必備推薦小物，簡單就能做出各種美味料理，
兼顧美味與健康！

Let's Picnic!

親子野餐這樣吃！健康美味又營養

不知道從什麼時候開始，野餐活動漸漸流行起來，我很喜歡帶著孩子一起去野餐，在舒服的午後享受溫暖的陽光。但是我發現很多人野餐，習慣買市售的甜點、飲料，因為節省時間又方便，可是這些食物會讓孩子吃進過量的糖及熱量，對身體負擔非常大。除此之外，買現成的料理雖然很方便，但是你有想過每買一個食物，那些塑膠袋、瓶瓶罐罐等……是不是也製造了非常多的垃圾呢？

這本書其實有部分概念，來自我上一本的副食品書《200道嬰幼兒主副食品全攻略》，所以大部分食譜的調味，甚至食材我都是以天然為主軸，少調味、少加工、少香料，希望多保留些原味食物的口感，讓孩子不要攝取到過多的糖、鹽以及加工食品。這本書除了推廣手作健康的概念，有部分我也想讓帶著小小孩野餐的媽媽們，不會有找不到適合的野餐食譜的困擾。

5 大手作料理的美味關鍵

當然或許會有很多媽媽跟我說，我實在不會料理、平常在家也沒有下廚，怎麼會做野餐點心呢？買現成的應該比較快吧？其實手作野餐點心，真的一點都不難呢！就像我前一本的副食品書，也是提倡用「電鍋、烤箱、平底鍋」就能完成，當然這本書的野餐點心，大部分也是利用這樣的方法來製作，簡單步驟就能做出大人、小孩都愛吃的美味點心唷！一起讓我們體驗看看，手作料理的美味關鍵吧！

關鍵 ① 少油少鹽少加工，才能讓孩子吃進營養

　　許多孩子喜歡吃油炸食物、麵包，甚至是沙拉醬汁等等，其實這些大部分都含有反式脂肪，而且越來越多黑心店家，使用不良的劣油來製作食品（例如人造奶油、酥烤油這些含有反式脂肪酸的油類），若是攝取過多，很容易會讓身體造成負擔，平常一定要少吃薯條、炸雞、麵包、高油高糖、重口味的食物，若是不得已外食，也要秉持這 3 大原則來挑選食物「少油、少鹽、少加工」。

　　另外，烤肉、香腸、火腿、熱狗、培根……等等，這些食物也要特別注意喔！因為這些食物含有硝酸鹽、亞硝酸鹽，高溫調理後就會產生致癌物質。

甚至烤肉所產生的煙害，若吸入身體內也會造成身體負擔，將烤焦的食物吃進肚子裡，更會大幅增加身體的負擔。

這也是我為什麼極力推崇「手作料理」的重點，從我的第一本著作《200 道嬰幼兒主副食品全攻略》，就一直希望推崇這個觀念。為了孩子的健康，我們應該挽起袖子，幫孩子製作每一道健康餐點，因為手作料理的每一個過程我們都不馬虎，會秉持著「少油、少鹽、少加工」的原則，用心、細心的來準備。

 關鍵 2 運用小心機，手作料理讓孩子不再挑食

「馬麻～我不要吃花椰菜」、「馬麻～我不要吃高麗菜」……你家的孩子也像這樣，每天都上演著挑食記嗎？那你非得試試自己動手做料理了，因為可以運用一些「小心機」，讓愛挑食的孩子也能攝取到全面的營養喔！

舉例來說，有些小孩不喜歡吃蔬菜，那麼就將蔬菜打成泥或切碎，切碎後將蔬菜泥混合到餡料裡，做成肉丸、肉餅都很適合，只要用平底鍋煎熟（或是放入水裡煮熟），美味營養又好吃呢！這些打成泥、切碎的動作一點都不難，都是製作副食品一定會使用的步驟，各位媽咪們應該很熟悉吧？

本書的 PART4 裡面，就有特別介紹許多肉餅、肉丸的製作方式，掌握簡單的幾個動作「蔬菜打成泥或切碎→與其他餡料混合→捏塑成肉丸→平底鍋煎熟或汆燙煮熟」，輕輕鬆鬆就能完成自製肉丸，而且也聰明地混合了營養的蔬菜等食材，讓孩子每一口都吃進了營養！

小心機讓孩子不挑食
1 蔬菜打成泥或切碎
↓
2 與其他餡料混合
↓
3 捏塑成肉丸
↓
4 平底鍋煎熟或汆燙煮熟

關鍵 3　步驟簡單又容易，電鍋平底鍋就完成

　　很多媽咪會跟我說，平常很少自己煮食，三餐大部分都是外食，甚至有時候只有假日才開伙。因為沒有習慣自己煮食，應該也沒辦法自製野餐料理吧？而且買現成的，真的省時多了⋯⋯。其實野餐料理並不像準備家常菜，要花這麼多時間備料，這本書的宗旨是希望家長們，從小孩的副食品階段後，能開始為了孩子的健康著想，漸漸養成自己動手做料理的習慣。

　　當然我們不可能要求大家一開始就做出豐盛的家常菜，那不妨從目前最夯的野餐活動下手吧！從自製野餐點心開始，養成孩子不亂吃市售零食飲料的習慣，家長們用心地自製這些野餐料理，孩子一口接一口吃下肚，反而讓你更有成就感呢！

▲ 野餐食物搭配可愛的餐具，充分滿足了我們的視覺與味覺！

這本書裡介紹的野餐料理都很簡單，除了麵包烘焙類需等待時間發酵外，像是三明治、壽司、飯糰、手捲、肉餅、肉丸、沙拉、飲料……等，步驟都非常簡單，而且大部分也延續了副食品「健康煮食、步驟簡單」的概念，用電鍋、平底鍋、烤箱就能完成唷！

關鍵 4　搭配可愛便當盒與小叉子，增加視覺美感

野餐料理除了要好吃之外，善用小物來增加視覺上的美感，也是很重要的喔！用可愛的餐具，例如便當盒、小叉子來點綴，反而更能吸引孩子的目光，讓他們更想把這些小點心都吃光光呢！

關鍵 5　重覆使用餐具減少垃圾，一起愛護大自然

外食免不了會有許多塑膠袋、瓶瓶罐罐等垃圾，你有沒有想過一趟野餐活動，你買的外食總共有幾個塑膠袋、幾雙筷子、幾個瓶罐？每一次的野餐活動，你製造了多少垃圾？若是在家自製野餐料理帶去，運用重覆使用的便當盒、玻璃罐、不鏽鋼湯匙、不鏽鋼筷子等，是不是就能大幅減少垃圾，與孩子一起愛護大自然呢？

除此之外，也希望大家要隨身攜帶不鏽鋼湯匙、筷子，減少使用免洗竹筷的習慣。不知道大家還記不記得，曾有新聞報導說，有學生拿泡過免洗筷的水來飼養蝦子做實驗，結果蝦子在 2 小時後就抽搐、1 天內死亡。因為大部分免洗筷是使用漂白劑來漂白，接觸熱食後會讓我們不知不覺，將這些有毒物質吃下肚，這實在是非常可怕的事呢！

自製料理第一步！認識食材的營養

野餐活動就是要與親朋好友坐在野餐墊上，一邊閒話家常，一邊品嚐著自製的美食點心，在舒服的午後享受溫暖的陽光。這本書的主軸是「親子野餐」，希望家長們拋下 3C 產品，帶著孩子一起到戶外享受美麗的時光，也希望透過手作的野餐料理，讓孩子攝取到營養豐富的點心。

自製野餐料理之前，建議先了解一下各種營養素及攝取來源，大家最在乎孩子該攝取的營養素也列出來，有了這些營養素小知識，製作野餐料理時，就更知道要如何搭配各種食材囉！

掌握基本營養素，攝取均衡營養

1 歲前孩子需求的營養及副食品製作，可以查詢我的第一本著作《200 道嬰幼兒主副食品全攻略》，1 歲後孩子其實飲食和成人一樣，但是要以低鹽、低糖、清淡的食物為主，才不會養成他們的重口味而造成身體的負擔。

5 大營養素就是常聽到的米飯、蛋魚肉豆奶、蔬菜、水果、油脂類，不管是孩子或成人，每天都要攝取到這些營養。不過在攝取醣類時要適可而止，因為若攝取過多，容易造成體重過重、器官負荷過重等問題。另外，孩子在攝取蛋白質的需求也較成人多，蛋、奶、魚、肉要均衡的攝取。

note 近年來膳食纖維的重要性也漸漸被重視，因此更被視為第六大營養素，其重要性可翻閱 P24。

蛋白質

主要功用為維持人體生長發育，構成及修補細胞、組織，可調節生理機能並供給熱能。常見的食物來源是：奶類、肉類、蛋類、魚類、豆類及豆製品、內臟類、全穀類等等。

脂肪

主要功用為供給熱能，幫助脂溶性維生素的吸收與利用。常見的食物來源是：沙拉油、花生油、豬油、乳酪、乳油、人造奶油、麻油等等。

醣類（碳水化合物）

主要功用為供給熱能，幫助脂肪在體內代謝並調節生理機能。常見的食物來源是：米、飯、麵條、饅頭、玉米、馬鈴薯、蕃薯、芋頭、樹薯粉、甘蔗、蜂蜜、果醬等等。

17

礦物質

鈣、鐵、鎂、磷等元素，就是屬於礦物質，其中鈣質的攝取較容易不足，因此建議要多攝取含鈣量多的天然食物，例如豆腐、奶製品等等。天然食物中其實都含有礦物質的存在，例如奶類、豆類、肉類。除了鈣質之外，一般均衡飲食就不會有缺乏礦物質的問題。

維生素

維生素分為水溶性、脂溶性，因為水溶性較容易隨體液排除而流失，因此較容易缺乏。均衡飲食便能攝取維生素，促進人體的成長和發育。但是要特別注意，食物的烹調方法也會影響食物裡維生素的含量，例如維生素 C、部分維生素 B，不建議長時間煮食，否則會使維生素流失。

礦物質與維生素，人體必備重要元素

礦物質與維生素屬於非熱量型營養素，意指在人體生理機能中，扮演著促進、平衡並協調生理活動的角色。孩子生長發育很重要的鈣、鐵、維生素 A、維生素 C、維生素 D，就是屬於礦物質與維生素的類別。

礦物質

一般來說，除了鈣質之外，均衡飲食就不會有缺乏礦物質的問題。鈣質主要的功用是幫助骨骼生長，也是孩子成長很重要的營養素之一，因此平時建議可以多補充高鈣的天然食物。

礦物質簡介		
營養素	主要功用	食物來源
鈣	構成骨骼和牙齒的主要成分，可調節心跳及肌肉的收縮，使血液有凝結力，維持正常神經的感應性。	奶類、魚類（連骨進食）、蛋類、深綠色蔬菜（例如花椰菜、青江菜、油菜、芥藍菜）、豆類及豆類製品。
磷	組織細胞核蛋白質的主要物質，可促進脂肪與醣類的新陳代謝，也是構成骨骼和牙齒的要素。	家禽類、魚類、肉類、全穀類、乾果、牛奶、豆莢等等。
鐵	組成血紅素的主要元素，也是體內部分酵素的組成元素。	肝及內臟類、蛋黃、牛奶、瘦肉、貝類、海藻類、豆類、全穀類、葡萄乾、綠葉蔬菜等。
鉀 鈉 氯	維持體內水分之平衡及體液之滲透壓，能調節神經與肌肉的刺激感受性。這三種營養素若缺乏任何一種時，會使人生長停滯。	・鉀：瘦肉、內臟、五穀類。 ・鈉：奶類、蛋類、肉類。 ・氯：奶類、蛋類、肉類。
氟	構成骨骼和牙齒之一種重要成分。	海產類、骨質食物、菠菜等等。
碘	甲狀腺球蛋白的主要成分，以調節能量之新陳代謝。	海產類、肉類、蛋、奶類、五穀類、綠葉蔬菜等等。
銅	與血紅素之造成有關，可以幫助鐵質之運用。	肝臟、蚌肉、瘦肉、硬殼果類等等。
鎂	構成骨骼之主要成分，可調節生理機能，並為組成幾種肌肉酵素的成分。	五穀類、堅果類、瘦肉、奶類、豆莢、綠葉蔬菜等等。

維生素

　　維生素主要的功能是調節新陳代謝，且可直接由腸道吸收，其分為水溶性、脂溶性，水溶性較容易隨體液排除而流失，而脂溶性則因為停留在體內時間較長，所以易堆積在肝臟中，若攝取過量也會對身體造成負擔。

讓礦物質與維生素加倍吸收！

　　各種維生素與礦物質，其實是必須互助合作，發揮身體「潤滑油」的作用，才能加強促進營養功效，因此一定要每日均衡攝取各類營養素。

　　許多營養素在食用時，有促進或抑制的效果，鐵質可以預防貧血，而鈣質則是孩子長高、長壯的重要營養素，底下列出促進鐵質、鈣質的吸收方式，家長們可以掌握這個加乘原則，將食材添加到自製的料理中，讓孩子更加倍吸收營養！

鐵質 & 鈣質加倍吸收小秘訣			
礦物質	促進吸收	抑制吸收	說明
鐵	維生素 C、檸檬酸、肉類能幫助鐵的吸收，例如在食用高鐵的食物後，再補充維生素C含量高的水果，就能加強吸收率喔！	牛奶、蛋、高鈣的食物、咖啡、茶，會抑制鐵質吸收，不要加在一起食用。	吃含鐵量高的食物一天一餐即可，否則很容易引起便祕。
鈣	維生素 D（可多曬太陽或吃香菇攝取，香菇若經日曬，維生素 D 含量更高）、維生素 K、蛋白質，能促進鈣質吸收，還有多運動也有幫助喔！	含有草酸（例如菠菜）、高鐵質的食物，會抑制鈣的吸收，因此若同時攝取高鐵、高鈣食物，反而會讓吸收效果變差喔！	維生素 D、K 是脂溶性維生素，必須要有油才會溶出。建議可以用高麗菜（含維生素 K）+ 香菇（含維生素 D）+ 高鈣食材 + 一點點油拌炒，更能促進鈣質吸收。

脂溶性維生素簡介		
營養素	主要功用	食物來源
維生素 A	使眼睛適應光線之變化，維持在黑暗光線下的正常視力，還能增加抵抗傳染病的能力、促進牙齒和骨骼的正常生長。	肝、蛋黃、牛奶、牛油、人造奶油、黃綠色蔬菜及水果（如青江菜、白菜、紅蘿蔔、菠菜、番茄、黃紅心蕃薯、木瓜、芒果等）、魚肝等等。
維生素 D	協助鈣、磷的吸收與運用，幫助骨骼和牙齒的正常發育，且為神經、肌肉正常生長所必須。	魚肝油、蛋黃、牛油、魚類、肝、香菇等等。
維生素 E	減少維生素 A 及多元不飽和脂肪酸的氧化，控制細胞氧化。	穀類、米糠油、小麥胚芽油、棉子油、綠葉蔬菜、蛋黃、堅果類等等。
維生素 K	可促進血液在傷口凝固，以免流血不止。	綠葉蔬菜如菠菜、高麗菜、萵苣，是維生素 K 最好的來源，蛋黃、肝臟亦含有少量。

★能溶解於脂肪者，稱「脂溶性維生素」。

水溶性維生素簡介		
營養素	主要功用	食物來源
維生素 B1	增加食慾、促進胃腸蠕動及消化液的分泌，能預防及治療腳氣病神經炎。	胚芽米、麥芽、米糠、肝、瘦肉、酵母、豆類、蛋黃、魚卵、蔬菜等。
維生素 B2	輔助細胞的氧化還原作用，防治眼血管充血及嘴角裂痛。	酵母、內臟類、牛奶、蛋類、花生、豆類、綠葉菜、瘦肉等。
維生素 B6	幫助胺基酸之合成與分解、幫助色胺酸變成菸鹼酸。	肉類、魚類、蔬菜類、酵母、麥芽、肝、腎、糙米、蛋、牛奶、豆類、花生等。
維生素 B12	對醣類和脂肪代謝有重要功用，可治療惡性貧血及惡性貧血神經系統的病症。	肝、腎、瘦肉、乳酪、蛋等。
菸鹼酸	使皮膚健康，也有益於神經系統的健康。	肝、酵母、糙米、全穀製品、瘦肉、蛋、魚類、乾豆類、綠葉蔬菜、牛奶等。
葉酸	幫助血液的形成，可防治惡性貧血症。	新鮮的綠色蔬菜、肝、腎、瘦肉等。
維生素 C	加速傷口之癒合，並且增加對傳染病的抵抗力。	深綠及黃紅色蔬菜、水果（如青辣椒、蕃石榴、柑橘類、番茄、檸檬等）。

★能溶解於水者，稱水溶性維生素。（以上資料來源：衛生福利部食品藥物管理署）

5 大孩子必備的重要營養素

　　國外的兒科專家，曾列出孩子最必備的 5 大營養素，這些都是平常我們很容易缺乏攝取的元素，讓我們一起來看看這些營養素的重要性，以及如何從天然食物中攝取吧！

 營養 1　礦物質－鉀

　　體重過重、較肥胖的孩子，往往會有鉀不足的問題，鉀主要的功用是維持正常的滲透壓及水分平衡，還有促進肌肉正常收縮，調節神經傳導的功用（但必須要鉀、鎂、鈣一起配合）。若是想要補充鉀，可以多食用蔬果，例如香蕉、香瓜、草莓、西瓜、花椰菜、豌豆、土豆等等。

營養 2　DHA（Omeage-3）

　　DHA 就是 Omeage-3 脂肪酸，因為人體無法自行合成，所以需要從食物中額外補充，而且隨著年齡的增長，腦中的 DHA 還會逐漸減少，這樣就很容易引起腦部功能的退化。DHA 是促進腦部發育的重要營養素，3 歲前的孩子大腦發育速度最快，補充 DHA 不僅有提升大腦學習及記憶功能，還能增進智力（IQ）發展。

　　目前 DHA 已被科學實證的功效有：增進幼兒智力（IQ）發展、增進幼兒視覺功能、減少老年失智症的發生、預防並改善憂鬱症、預防心血管疾病等諸多功效。若是想要補充 DHA，其實一般海產食物都具備這個營養素，但又以深海魚類含量最多，例如鮭魚、鯖魚、沙丁魚、秋刀魚、魠魷魚等，而雞蛋（蛋黃）也富含 DHA。另外要特別注意，烹調食物時建議以清蒸、烘烤的方式，減少用油炸的方式，才能避免大量流失 DHA。

營養 3 礦物質－鈣

　　鈣質主要的功用是強健骨骼、肌肉、牙齒，很多家長會擔心孩子缺鈣，而給孩子食用很多營養品，其實任何營養都是適量就好，不管是什麼營養素，我建議還是要從天然的食物中來獲得喔！富含鈣的食物有奶類、蛋類、深綠色蔬菜、豆類及豆類製品。

　　若是想要讓鈣質加倍吸收，可以搭配維生素 D（多曬太陽或吃香菇可攝取）、維生素 K、蛋白質來一同攝取。例如取平底鍋，倒入一點油來炒高麗菜（含維生素 K）＋香菇（含維生素 D）＋櫻花蝦（含鈣），就是一道高鈣美味的料理喔！

營養 4 礦物質－鐵

　　鐵質對孩子的新陳代謝、成長發育有很重要的功用，若攝取不足就會導致貧血。攝取時也要注意，若是將高鐵與高鈣食材相互搭配，反而會抑制鐵質吸收，而且若吃含鐵量高的食物過量，反而會引起便祕喔！

　　若是想要讓鐵質加倍吸收，建議可以將高鐵食材與富含維生素 C 的食材一起食用。舉例來說，高鐵食材有：雞蛋、南瓜、紅蘿蔔、馬鈴薯、肉類等，而富含維生素 C 的食材則為：木瓜、奇異果、芒果、柳橙、香蕉、鳳梨、葡萄柚、番茄、檸檬、蘋果等水果。

膳食纖維

　　膳食纖維的重要性是近幾年才漸漸被重視，以往大家都認為它是一種無法被人體消化的碳水化合物，其實它雖然無法消化，但卻可以被人體利用而產生益處，因此還被視為第六大營養素呢！

　　很多孩子會有便祕的困擾，攝取膳食纖維就能解決這個問題唷！膳食纖維是指不能被人體消化道酵素分解的多醣類、木植素，當它們存在於消化系統中則有吸收水分、增加腸道及胃裡面的食物體積等功能，還能增加飽足感、促進腸胃蠕動、預防便祕，甚至能將腸道中的有害物質排出，又分為水溶性、非水溶性這兩種。若是想要補充膳食纖維，建議多食用蔬果、全穀食物，不僅能預防便祕又有防癌、提升免疫力的功效！

膳食纖維簡介		
營養素	主要功用	食物來源
水溶性	這類纖維質無法於體內消化，但可以維持膽固醇穩定、保護心臟血管，主要的功用在於防止血糖快速上升，並且降低血膽固醇。另外，它也有助於益菌存在於體內，所以也有增強免疫力的功用喔！	燕麥、糙米、大麥、豆類、蔬菜、水果等。
非水溶性	這類纖維質能吸收水分，增加糞便量、糞便體積，並且促進腸胃蠕動，縮短食物在大腸中滯留的時間，因此能減少有害物質被吸收，可以有效防止便祕、大腸癌等情形發生。	小麥麩、全麥麵包、穀類、蔬菜等。

自製料理第二步！
挑選健康的食材

　　相信各位家長都知道，攝取天然食物對孩子健康的重要性囉！但是我們在烹調時仍要特別注意，特別是食用油品、新鮮食材（例如蔬菜、肉類）的挑選要特別注意，才不會把黑心食材吃下肚喔！

食用油的挑選祕訣

　　烹調食物最基礎的調味料之一就是「油」了，它主要的功用可以增添食物的風味、口感、色澤，不過油品的種類五花八門，例如又有植物油、動物油之分別。

▲自製料理時，食用油的選擇非常重要。

那到底該怎麼選？你是不是也常聽到有人說，植物油比動物油健康呢？其實這些都不是最正確的答案，我們在烹調食物時，應該要從烹調的方式，來選擇油脂的種類。

你知道每一種油的耐受度（發煙點）都不同嗎？所以應該以烹飪方式的不同，來選擇油品。發煙點（Smoke Point），就是指食用油可以被使用的最高溫度，當油的溫度達到冒煙點以上，就會變質產生致癌物質，非常可怕呢！

食用油烹調原則

☑ 大火快炒、油炸、油煎的方式，選發煙點較高的動物油。
☑ 涼拌、水炒、中火炒時，使用發煙點較低的植物油。
☑ 建議選擇具有 GMP 標記的油品，不要買來路不明的散裝油品。

烹調方式 VS 發煙點	
烹調方式	發煙點
涼拌	<49℃
水炒	約 100℃
中火炒	約 163℃
煎炸	約 190℃ 以上

常見油脂的發煙點（未精製油）		
油脂	發煙點	適合烹調方式
葵花油	107℃	涼拌、水炒
紅花油	107℃	涼拌、水炒
亞麻仁油	107℃	涼拌、水炒
菜籽油	107℃	涼拌、水炒
大豆油	160℃	涼拌、水炒、中火炒
玉米油	160℃	涼拌、水炒、中火炒
冷壓橄欖油	160℃	涼拌、水炒、中火炒
花生油	160℃	涼拌、水炒、中火炒
胡桃油	160℃	涼拌、水炒、中火炒
芝麻油	177℃	涼拌、水炒、中火炒
奶油	177℃	水炒、中火炒
椰子油	177℃	水炒、中火炒
豬油	182℃	水炒、中火炒
葡萄籽油	216℃	涼拌、水炒、中火炒、煎炸
杏仁油	216℃	涼拌、水炒、中火炒、煎炸
苦茶油	223℃	水炒、中火炒、煎炸
酪梨油	250℃	水炒、中火炒、煎炸

★資料僅供參考，油脂發煙點還會因不同產地、壓榨法不同而有差異。

依烹調方式選擇油品

　　各種油脂的發煙點不同，油品種類又這麼多，到底該怎麼分辨呢？其實很簡單，大部分食物烹調的方式會分為涼拌、水炒、中火炒、煎炸這幾種，依烹調方式來選擇油品就 OK ！

油品小知識 1 飽和 VS 不飽和脂肪酸

- **飽和脂肪酸（動物油）**：這類油脂攝取時要注意，若攝取過多，很容易導致心血管、慢性疾病，主要為：椰子油、棕櫚油，以及豬油、牛油等動物性油脂。
- **單元不飽和脂肪酸（植物油）**：這類油脂可以降低體內壞膽固醇的含量，主要為：橄欖油、油菜籽油、芥花油、苦茶油。
- **多元不飽和脂肪酸（植物油）**：提供人體無法自行合成的必需胺基酸、有清除膽固醇的功效，主要為：大豆油、葵花油、蔬菜油、玉米油。

油品小知識 2 未精製 VS 精製油脂

- **未精製油**：這種油脂的發煙點較低，不適合高溫烹調，主要是以冷壓方式將油脂從種子中壓榨出來，雖然比較能避免化學添加物來危害健康，但大部分只適合涼拌、低溫水炒。若想高溫煎炸，則要選擇發煙點較高的未精製油，例如：酪梨油、杏仁油、葡萄籽油等等。
- **精製油脂**：這種油脂的發煙點較高，以高溫、高壓等方式除去油的水分及雜質，雖然能長時間保存又耐高溫炒炸，但天然營養素已經流失，只剩下對人體健康有害的物質而已，請避免選用精製油。

▲要依烹調方式，來選擇適合的食用油喔！

新鮮食材的挑選祕訣

祕訣 1 五穀類

我們在選購五穀類時，米粒的挑選有六大重點：質地光潔、粉屑少、顆粒完整、飽滿較硬、大小均勻、沒有發霉臭味。至於製作蛋糕點心常使用的麵粉，挑選時則要掌握兩個重點：粉質乾爽無異味、色澤略帶淡黃色，掌握這幾個挑選重點，就能挑到新鮮的五穀類食材。

祕訣 2 蔬菜類

蔬菜類請不要以外觀美醜為挑選重點，因為有蟲咬的蔬菜，反而農藥殘留量較低喔！購買時建議以當令盛產為首選，挑選時主要看莖葉的狀態，例如：莖葉鮮嫩肥厚、葉面無斑痕破裂、無枯萎。建議多選擇綠色、深色的蔬菜購買，也可以買未洗過的洋菇、未經去皮的蘿蔔才比較新鮮喔！

祕訣 3 水果類

購買水果要以當令盛產的來優先購買，外貌是判斷水果新鮮與否的一大關鍵，但也要特別注意有可能外觀越漂亮的水果，反而殘留較多農藥，因此選購回來後也要特別注意水果的清洗。選購時可以掌握三個重點：挑果皮完整、水分多且無腐爛或蟲咬、外觀無破裂的為主。

祕訣 4 肉品類

「顏色」是判斷肉類是否新鮮的一大關鍵，挑選豬肉、牛肉、羊肉時，肉質呈鮮紅色代表較新鮮，若呈現蒼白或暗紅色，吃起來的口感就較差。除此之外，脂肪平均分布、瘦肉多且有彈性不滲水，也是肉類挑選的關鍵喔！

本書使用的安心食材

　　一直以來我都很鼓勵父母們自製料理給孩子吃，因為可以讓孩子吃得更健康，而且只要看到孩子開心地把我做的食物吃完，就算在廚房忙得滿頭大汗我都很開心。因為老大妮妮副食品之路吃得不是很好，因此我一直很用心地在鑽研不同的料理，老二小子出生後，我也從職業媽變身為全職媽媽，漸漸有許多時間待在廚房裡，研究要煮給孩子的每一道料理。

　　煮給孩子的料理，每一個食材我都會嚴格把關、用心挑選，雖然這本書不是在講家常菜的製作方式，但因為也是強調「手作料理」的重要性，因此「讓孩子吃到健康」的觀念都是一樣的，就算是在製作野餐的點心料理也不能馬虎，食材部分也要小心挑選喔！底下推薦我平常製作料理時有使用的安心食材（也是本書的食譜裡我有使用的）。

推薦 1  橄欖油

　　橄欖油含有豐富的抗氧化物，而且烹調過程中不易產生油煙，因此也是越來越多人使用的健康油品之一。其實在挑選食用油時，掌握的原則就是：這個油的製造過程中，是否營養成分仍不流失？所以在挑選橄欖油時，建議要以第一道冷壓、初榨為首選考量。

　　除此之外，「酸度」也是挑選的重點，酸度代表橄欖的優劣。

巴尼亞（以色列果），適合烹調紅肉、義大利麵。

曼薩尼歐（西班牙果），適合淋灑。

皮夸爾（西班牙果），適合烹調白肉與醃漬。

▲ The Village Press 頂級冷壓初榨橄欖油，它的酸度僅 0.1%，依橄欖品種的不同，還可以再細分不同的用途呢！

以冷壓初榨橄欖油來說，最佳的酸度約在 0.1 ～ 0.8，酸度越低品質越好，這也表示是使用新鮮的橄欖去壓榨製成。

推薦 2 酪梨油

有常常關注我部落格的粉絲們，應該會發現我真的很愛使用酪梨油來料理……為什麼呢？因為它的油質穩定，發煙點在 200 ～ 250℃左右，所以不容易產生致癌物質。除此之外，酪梨本身就富含許多維生素及礦物質，酪梨油的許多營養素更是橄欖油的好幾倍喔！

▲ First Press 頂級初榨酪梨油，採用低溫物理壓榨技術，保留果實的每一滴營養！

推薦 3 蜂蜜

蜂蜜是很營養的食材，我在自製孩子的點心時，也很常添加蜂蜜來料理，但是市售的蜂蜜品質良莠不齊，建議一定要選擇純正天然的，最好是有附上濃度檢驗報告的才安心。那要怎麼挑選出優質的蜂蜜呢？掌握四不原則：選擇非人工餵養、無化學添加、無防腐劑、無抗生素，才是好蜂蜜唷！

乳狀三葉草蜂蜜，適合塗抹水果或食材。

藍色琉璃苣蜂蜜，適合搭配茶或咖啡飲用。

活性麥蘆卡蜂蜜，適合日常保健食用。

◀ Sweet Nature 純天然蜂蜜的種類很多，依不同的用途還可以選擇不同的蜂蜜喔！

10大垃圾食物，別常給孩子吃！

你還常給孩子吃不健康的食物嗎？根據世界衛生組織（WHO）曾公佈全球的十大「垃圾」食物名單，底下這些食物攝取過量，會讓身體累積毒素而產生致癌風險，趕快避免或減少食用吧！

 ### 油炸類

油炸類食物的熱量高，還會破壞維生素，使蛋白質變性，食用後會在身體內產生致癌物質，更是導致心血管疾病的兇手喔！

 ### 腌漬類

千萬不要常吃腌漬類食物，因為這類食物會讓肝、腎負擔過重、影響腸胃健康，甚至會導致高血壓，讓人體容易潰瘍和發炎呢！

 ### 加工類

香腸、肉鬆、熱狗……等等，這些食物含有大量防腐劑、亞硝酸鹽，食用過量會讓肝臟負擔增加，提升致癌機率，非常可怕！

 ### 餅乾類

市售的餅乾類食物（全麥或低溫烘培除外），大部分都是熱量高、營養成分低，而且富含大量食用香精、色素，對人體健康具有很大的危害。

泡麵類

　　大部分泡麵都只有熱量，毫無其他營養成分，而且富含高鹽、防腐劑、香精，會嚴重損害肝、腎功能。

 罐頭類

　　罐頭類雖然食用方便，但其實這類食品的熱量過多、營養成分很低，長期食用會破壞維生素使蛋白質變性。

 燒烤類

　　燒烤類食物要特別注意，若是食材烤燒焦的部分，會含有大量致癌物，導致蛋白質碳化變性，加重腎臟、肝臟負擔，因此一定不要常吃。

 冷凍甜點類

　　這裡主要是指冰淇淋、冰棒、雪糕，這類食物雖然孩子很愛吃，但是因為含糖、含大量奶油，很容易引起肥胖喔！

 話梅蜜餞類

　　富含亞硝酸鹽的食物會產生致癌物質，香腸、肉鬆、熱狗、話梅蜜餞都屬此類食物。除此之外，其所含的高鹽、防腐劑、香精，還會嚴重損害肝、腎功能。

 汽水可樂類

　　你還習慣給孩子喝汽水、可樂嗎？這些飲料的含糖量過高，而且內含磷酸、碳酸，會讓體內大量的鈣流失！本書PART4 我有介紹自製的飲料，步驟簡單容易，父母們可以試看看喔！

自製料理第三步！
野餐料理的加分小物

　　野餐除了東西要好吃之外，攜帶的野餐道具吸睛度也很重要喔！就像露營活動一樣，越來越多人野炊也是在比排場了吧（笑）？野餐的時候，我會帶著可愛的野餐墊、野餐籃，還有便當盒、可愛小叉子來裝飾，這樣不僅讓孩子食慾大增，也兼顧了視覺與味覺的雙重享受呢！

野餐料理的輔助小物

　　「工欲善其事，必先利其器」這句話大家都聽過吧？野餐點心我常會準備自製的煎蛋捲、鬆餅、壽司、三明治等等，這時候有些輔助小物或鍋具的幫忙，就會讓我們製作愛心料理時更上手喔！底下是本書我在自製料理時，使用到的一些鍋具及小物，推薦給各位參考。

▶ 有了這些鍋具的幫忙，就會讓我們製作愛心料理時更上手喔！

鍋具類

野餐點心份量都不多，可以重點式的準備孩子喜歡吃的，例如玉子燒、鬆餅、手捲、飯糰、飲料等等，那麼該如何在有限的時間裡，快速做出多樣料理，就必須依賴鍋具的輔助囉！日本很流行三格不沾平底鍋，運用方式非常多元。舉例來說，可以一次快速做出 3 種食物（中間做玉子燒蛋捲、旁邊煎熱狗、另一邊煎蛋），甚至也可以同時煎好 3 顆荷包蛋，這樣也不會有互相沾黏的問題呢！

▲ 使用造型鬆餅機輔助，就能輕鬆做出愛心造型的美味鬆餅。

除此之外，鬆餅機、烤三明治當然也是準備野餐點心時，不可或缺的好幫手喔！例如我們要製作鬆餅時，其製作方式有很多種，可以用平底鍋倒入麵糊煎成圓鬆餅，但如果要造型好看，就必須透過鬆餅機輔助囉！

Arnest ／三格平底鍋

▲ 一次快速做出 3 種食物，中間那格只要打入 1 顆雞蛋混合想吃的餡料（例如起司），就能做出美味的玉子燒蛋捲。

bawloo ／
瓦斯爐用烤三明治機

▲ 使用方式簡單，放入 2 片厚片吐司，中間隨意夾入想吃的餡料（起司、蘑菇、肉片、蛋等），然後用小火將兩側各烤約 2 分鐘，美味的三明治點心就出爐了，不論是製作早餐或野餐點心都適合！

GRID RICH ／
幸運草造型烤鬆餅機

▲ 市售這款幸運草造型的鬆餅機，可以做出「愛心」型的鬆餅，鍋體還採用不沾塗層設計，輕鬆簡單就能完成美味的鬆餅。

造型類

製作野餐點心或便當時，可以運用一些輔助小物，讓料理看起來更吸睛可愛。日本 Arnest 推出許多壓模的小道具，每個都好可愛呢！除此之外，有空時也可以多逛一下 39 元商店，裡面也有販售很多可愛的小叉子、裝飾類，可以把我們的野餐點心、愛心便當，裝飾的更迷人又可口唷！

▲ 有了可愛的飯糰模具、海苔按壓器輔助，就能讓平凡簡單的料理，看起來更可愛、更美味呢！

Arnest ／表情海苔按壓器（可愛版）

▲ 超級卡哇伊的海苔按壓器，一直是我在製作野餐點心、愛心便當時，不可缺少的輔助小物，除了能讓我們的愛心料理增添可愛感，還能增進孩子用餐食慾，讓他們把料理通通吃光光！

Arnest ／ Deco 可愛棒飯糰手做模型

▲ 看膩了一成不變的飯糰嗎？運用小道具輔助，就能讓飯糰和別人不一樣！超級可愛的飯糰模型，利用按壓海苔的方式來貼上表情及圖案，讓飯糰活了起來，大幅增添造型與趣味感呢！

▲ 39 元商店也有販售各種造型壓模、可愛小叉子、造型便當盒、飯糰包裝袋，種類與樣式應有盡有。

其他類

　　除了鍋具類、造型類之外，其實砧板也是造型與實用兼具的物品喔！因為它除了具備砧板應有的功能之外，戶外野餐時我們也很常拿來當擺盤工具使用，所以挑一個有時尚感又具備功能性的砧板就很重要了。

　　除此之外，我還想特別介紹一款很便利的收納盒，可以快速製作三明治喔！只要先用保鮮膜在盒中舖上一層，然後將吐司、想吃的食材層層疊起，最後再蓋上一層吐司，用刀子對切成一半，漂亮又美味的三明治就完成啦！

KEVNHAUN／
天然木水果砧板

▲ 採用天然皂莢木的砧板，切完水果或蛋糕後便能直接擺放於餐桌上，是戶外露營、野餐都非常適合攜帶的時尚餐具，將食材擺上就能讓料理看起來更有溫度、更增添時尚感！

Arnest／超方便
三明治製作收納盒

▲ 很便利的三明治製作收納盒，方便將三明治外帶出門，還有拿取便利的特色，讓三明治不易壓扁變形，根本是做早餐或攜帶野餐點心的最佳幫手嘛！

▲ 三明治製作收納盒可以快速做出三明治，而且好攜帶、不沾手的特色非常便利喔！

戶外野餐的實用裝備

　　每次去戶外野餐的時候，我發現越來越多人根本是在比排場的嘛（笑）～好多人把家裡的壓箱寶都帶出來了，帳篷、野餐桌、野餐墊、野餐籃等等……看著大家用心佈置的野餐環境，有時也是一種美好的視覺饗宴呢！

　　但是親子野餐的時候，我覺得還是要以「實用度」為攜帶的首選考量，因為有了孩子的父母常常都是手忙腳亂，要攜帶的東西也一大堆，最好以多功能、好收納、實用度高的野餐裝備為攜帶首選。

便當盒

　　我提倡自製手作料理，就是希望大家能減少一次性餐具的使用，這樣不僅更環保也能愛地球。所以便當盒就是野餐時很重要的裝備之一，不僅能重覆使用，市售還有很多種花色可以挑選，將美味的野餐料理放到漂亮可愛的便當盒中，看了實在很賞心悅目呢！

Afternoon Tea ／
童話森林三層餐盒組

Afternoon Tea ／
童話森林保溫便當組

Afternoon Tea ／
里昂微風三明治
雙層便當盒

▲ 這個便當盒除了兼具美觀之外，實用度更是一極棒！採用 3 層大容量設計，各層中還有 4 個小菜盒，可依食物種類來分裝，而且附提把、束帶可自由調整層數呢！

▲ 附有保溫罐、保鮮盒、叉子的多功能野餐盒組，保溫罐可以裝熱騰騰的米飯或寶寶粥，而保鮮盒則可以裝小點心。

▲ 盒身是可折疊的網格設計，不僅方便攜帶，而且具有透氣的特性，裝三明治、飯糰、壽司等野餐點心都很適合喔！

防漏水杯

　　家有小小孩的父母，是不是總擔心小孩用杯子喝水時容易灑出來呢？外出時可以攜帶防漏設計的杯子，市售有一種神奇的不灑杯，採用 360 度神奇矽膠喝水口設計，不用吸管、不用開蓋，任何角度都能喝到水，可以在杯子裡裝入我們 PART4 教的自製健康飲品，不論是帶到戶外野餐或是在家飲用，都不用擔心孩子會打翻啦！除此之外，因為有發光的設計，夜晚還可以當小夜燈，半夜不用起來找水杯給孩子喝水，超方便的呢！

Litecup ／發光不灑杯

▲ 不用吸管、不用開蓋，任何角度都能喝到水的不灑杯，還有很多顏色可選擇，夜晚還可以當小夜燈呢！

Brother Max ／四階段防漏喝水訓練杯

Brother Max ／輕鬆握鴨嘴杯

▲ 帶小小孩外出時使用的水杯，有 4 種設計：從有把手到沒把手、有輔助喝水奶嘴到完全使用杯口的方式，滿足孩子不同階段的需求。

▲ 上蓋的水嘴可旋轉關閉，讓水不容易漏出，而且同樣可讓寶寶從小用到大，手把、上蓋是獨特可拆卸設計，能轉換成一般杯子使用。

野餐墊

野餐墊可以說是去野餐必備的裝備吧！市售有防潑水、薄款、厚款，甚至也有各種圖案設計的款式，其實可以挑自行喜歡的即可，我會建議以防水、好清潔的為優先考量。例如野餐時如果遇到小朋友不小心把飲品打翻，這時表層有做防潑水的，會立馬變成小露珠，輕輕一擦完全沒痕跡。

Go Wild／親膚野餐墊

◀ 這款野餐墊的特色是花色好看，而且材質很舒適，透氣又親膚不悶熱，表層防潑水，底部則是防水的，附束口提袋好收納，而且可以直接丟入洗衣機，清洗方便好實用呢！

野餐籃／保溫保冷袋

許多人會攜帶野餐籃，雖然這不是必備的選擇，但卻是一個可以讓你野餐擁有好心情的選擇，特別是竹製的野餐籃，因為太漂亮了，可以讓我的心情瞬間變很好呢！但是因為無法保溫食物，主要還是以美觀取勝。

▲ 帶著野餐籃去野餐，絕對會讓我們擁有好心情，因為怎麼拍照都好看！

我覺得如果要以功能性來攜帶，帶保溫保冷款式的袋子就可以了，但款式不一定豐富，花色也不一定令人喜愛。其實使用保鮮袋或是一般可愛籃子、樂扣樂扣來裝野餐料理也是可以的。

讓野餐更舒適的輕便裝備！

大家有聽過「空氣沙發」嗎？這種沙發有著懶骨頭的概念，可以讓我們非常舒適的躺在上面，而且收納時體積輕巧、不佔空間，已經是我外出野餐時必備的祕密武器啦！使用時只要將沙發袋口打開，來回擺動灌入空氣，再捲折起袋口，就能變身成舒適的沙發，讓我們在戶外也能舒適地放鬆休息。

▲ COMFY. air Sofa 的材質很耐用、收納後體積輕巧，已經是我戶外野餐必備的祕密武器了！

▲ 野餐時有空氣沙發的陪伴，真是舒適又愜意。

親子野餐這樣玩！
大人小孩都開心

其實親子野餐最有趣的地方，就是把所有的活動往外拉，讓孩子可以遠離3C、多接觸外在的環境跟空氣。現在除了不少公園都有簡單的遊具可以吸引孩子外，把室內的玩具攜出也是很好的選擇，例如：積木、畫板（戶外寫生）、吹泡泡、大印台、各種球類等等，都很適合帶到戶外。

親子野餐可以帶的玩具種類其實很多，甚至連桌遊、天才工程師系列的螺絲盒等等都可以，只要掌握方便帶出門、不佔太大空間、好收易拿的原則就可以囉！

野餐推薦戶外玩具

野餐是一個很放鬆的親子行程，只要風和日麗，就可以簡單整理裝備帶出門，不管是野餐料理還是各種遊戲、玩具、野餐裝備，其實都是彈性的隨自己喜好及需求來準備，才會有滿滿的舒服好心情來戶外吸收大自然的正能量。底下的玩具是我自己野餐時，會攜帶給孩子玩的玩具，掌握的原則同樣是體積輕巧、好收納不佔空間，只要具備這些特點，就是適合帶到戶外親子同樂的玩具。

畫畫類

隨著孩子的年紀越大，可以將戶外寫生畫畫的概念帶到野餐活動裡，帶著簡單的畫板、印台或是一切可以做畫的工具，就能讓孩子從家裡室內的場景移到戶外，讓他們的視野更寬廣，畫出他們眼裡的美景。

▲ 8 色快洗式大印台，強調無毒、水洗便能快速清潔的特色，讓大人小孩都玩得很開心。

▲ 平常在家裡玩的大印台，也很適合帶到戶外玩樂，要記得帶了大印台也要記得帶大圖畫紙喔！

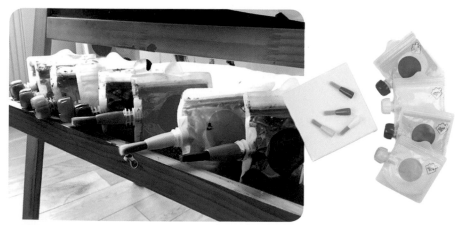

▲ 英國 DoddleBags 彩虹荳荳袋（塗鴉組），採用不沾手的魔術設計，將顏料裝進袋子裡，搭配附贈的筆刷就能輕鬆變畫筆，室內戶外隨處畫，超方便的！

遊戲類

　　遊戲類可以攜帶積木、桌遊、貼紙書等等，甚至連天才工程師系列的螺絲盒都很適合攜帶。現在市面上也有許多積木品牌，都很方便攜帶到戶外遊玩，例如：tegu 的磁性積木，小小一組又有口袋組的設計，不僅好玩而且方便帶出門，不管是出遠門或是野餐都非常適合，能讓小孩玩上一段時間。另外，我也推薦喀力喀力積木，它同樣有提供收納的小束口袋，我給小子玩的是「機械工程組」系列，帶出去組好後還可以挖砂，根本超酷呢！

▲ 天才工程師系列的螺絲盒，能讓我家妮妮玩得不亦樂乎！

▲ 喀力喀力積木的「機械工程組」系列，帶出去組好後還可以挖砂呢！

▲ 天才工程師系列的螺絲盒收納起來很好攜帶，野餐時就帶著這個去玩吧！

運動類

球類、飛盤都很適合帶到戶外玩樂，而球類是最適合野外的玩具，不管是小球、彈力球、甚至是足球，只要在安全的地方玩，多個小孩或大人一起玩，就會變得很熱鬧。除此之外，吹泡泡也很適合帶去戶外野餐，而且是年齡較小的孩子，最適合戶外玩樂的選擇，看著泡泡自由的飛翔、上升到破滅，孩子會覺得有趣又好玩呢！

親子野餐主要可以依照媽媽們的心情來準備，花點小心思就讓大人與孩子們，沉浸在野餐裡的美好。我覺得現在野餐活動會這麼夯，是因為它把所有的活動往戶外拉，讓我們的孩子遠離 3C、多接觸大自然及呼吸新鮮空氣，這也是野餐、露營等活動越來越興盛的主因吧！

野餐是一個很放鬆的親子行程，各種準備事項都是很彈性的，只要依心情來準備各種食譜、遊戲、玩具、裝備就好，然後帶著一顆舒服的心，與孩子一起享受美好的戶外活動吧！看完了野餐的準備事項單元後，下面幾個單元就跟我一起動手，自製簡單又健康的野餐輕食料理吧！

PART ❷
壽司飯捲類，
營養滿點超美味

野餐必備的壽司飯糰、輕食手捲作法大公開，
再加碼介紹美味披薩與塔的製作方式，
讓你輕鬆就能做出各種美味，
野餐聚會好有面子！

Let's Picnic!

壽司飯糰類

壽司飯糰中常使用到的「壽司醋飯」，是指將煮好的飯與醋拌勻，比例為飯：醋 =1：1.2。如果家中孩子的年紀較小，壽司醋飯可以選擇用白飯替代，或是將壽司醋飯的米粒減至 30%，會比較適合嬰幼兒入口。

提高免疫力

蘆筍雞絲捲

雞胸肉的蛋白質含量高，而蘆筍則含有各種人體所需的胺基酸，兩種都是富含高營養價值的食材，能增強免疫力。

....

材料 蘆筍少許、雞胸肉少許、蛋皮少許、壽司醋飯少許、無鹽海苔1片

作法 1 將雞胸取小塊，用電鍋蒸熟後撕成絲。
　　 2 將蘆筍燙熟後備用、雞蛋打散後煎熟，並放旁備用。
　　 3 取一張保鮮膜或壽司竹捲，將海苔舖上再舖少許壽司醋飯。
　　 4 醋飯上舖雞胸肉、蘆筍、蛋皮，再慢慢捲起切成適當等分即可。

富含
DHA

鮭魚起司飯糰

鮭魚含豐富的蛋白質、深海魚油 DHA，除了能減輕疲勞、預防皮膚乾燥，對小孩的腦部發育也有很好的功效喔！

材料 鮭魚1小片、壽司醋飯少許、海苔1片、起司1片

作法
1. 鍋子熱鍋後倒入油，將鮭魚煎熟切碎末拌入醋飯裡。
2. 拿張保鮮膜鋪上壽司醋飯，整平後中間放入一小片起司。
3. 將保鮮膜束緊醋飯，整成圓球狀後拿開保鮮膜，包覆上海苔即可。
4. 將起司剪成1x3cm的長方形大小，放於飯糰中間（如圖所示）。

提高
免疫力 # 鮮蝦蛋皮壽司捲

蝦仁的肉質軟嫩又易消化，而且蛋白質含量很高，可以增強人體的免疫力，不過有過敏性皮膚炎的人則不建議多食用。

材料 雞蛋1顆、蝦仁2隻、壽司醋飯少許

作法
1 將雞蛋打散並用平底鍋煎熟，蝦仁燙熟放旁備用。
2 煎好的蛋，切成約2×2cm大小做成蛋皮。
3 抓取少許醋飯抓捏成圓，再抓1粒飯抹在手上捏一下，產生黏性後將蛋皮固定在抓捏成型的醋飯上。
4 再次抓1粒飯抹在手上捏一下，產生黏性後固定蛋皮，再放上蝦仁即可。

增強
記憶力 # 水果蛋皮捲

將營養豐富的水果包進壽司捲裡，一口咬下滿滿的營養好滿足！尤其蘋果的營養豐富，富含膳食纖維，還含有大量的「鋅」，有增強記憶力的功效，對人體健康很有幫助喔！

材料 雞蛋3顆、蘋果1/4顆、香蕉1/2條、奇異果半顆

作法
1 將雞蛋打散，用平底鍋煎至直徑約16～20cm面積大小的蛋皮備用。
2 將水果去皮，切薄片備用。
3 取一張保鮮膜或壽司竹捲，將蛋皮舖上。
4 依序舖上水果，可以先將香蕉壓成泥來固定其他水果，再慢慢捲起切成適當等分即可。

鈣質
含量高

蝦仁蛋皮捲

　　豆腐有低卡、鈣含量高、高蛋
白質的營養價值,而嫩豆腐更因為
其含水量高、柔軟易碎的特性,非
常適合孩子入口。

材料 嫩豆腐1/4盒、雞胸肉1小塊、
蝦仁少許、雞蛋3顆、酪梨油少許、
壽司醋飯少許

作法
1. 將雞蛋打散,用平底鍋煎至直徑約
　16～20cm面積大小的蛋皮備用。
2. 雞胸肉燙熟撕成絲先放旁備用。取平
　底鍋,放入酪梨油將豆腐跟蝦仁先行
　炒熟收乾,再拌入雞絲。
3. 取一張保鮮膜或壽司竹捲,將蛋皮舖
　上再舖適量的壽司醋飯。
4. 舖上步驟2的炒料後,捲起切適當等
　分即可。

預防
便祕

蛋皮福袋壽司

玉米含有蛋白質、葉黃素、膳食纖維等豐富的營養素,除了可以預防白內障之外,還有改善便祕的功效喔!

材料 雞蛋2顆、海帶絲1條(或海苔)、玉米少許、壽司醋飯少許

作法
1. 雞蛋打散後,煎成直徑約10cm的蛋皮。
2. 玉米燙熟壓碎,拌入1滴橄欖油放旁備用。
3. 蛋皮平鋪檯面,抓取少許醋飯並滾上步驟2的碎玉米,放置蛋皮中間。
4. 抓取蛋皮4個角,向上方中間收攏,最後用燙熟的海帶絲或海苔綁緊即可。

翡翠蛋壽司

鈣質
含量高

菠菜含有豐富的膳食纖維、鐵質、鈣質、維生素C,將其與雞蛋混合後煎成蛋皮,就能讓不愛吃菜的孩子不知不覺,吃下滿滿的營養!

材料 雞蛋3顆、菠菜1小把、壽司醋飯少許

作法
1. 菠菜切細碎,將雞蛋打散放入,一起煎成直徑約16～20cm的蛋皮。
2. 壽司醋飯平鋪於蛋皮上。
3. 將蛋皮及醋飯捲起,切成適當等分大小即可。

奶油菇菇壽司捲

菇類含有各種豐富的營養素及膳食纖維，將其炒熟後做成壽司，就是一道營養滿點的餐點，孩子也很愛吃喔！

材料 發酵奶油5g、菇類（蘑菇、金針菇、杏鮑菇、香菇）少許、蔥花少許、海苔1大片、壽司醋飯少許

作法
1. 先將大海苔剪成2～3cm寬的長條形，放旁備用。
2. 將菇類切成細丁後，用發酵奶油將菇類炒熟，用少許鹽調味，再加入蔥花丁拌均勻後，放旁備用。
3. 抓取少許壽司醋飯舖於海苔上，包入奶油菇，捲起切適當等分即可。

雙色水果捲

　　水果的種類可以依季節或孩子喜好來自行替換，這裡選擇使用奇異果、火龍果，是因為富含的維他命C很高，有提高免疫力的功效。

材料 奇異果1顆、火龍果半顆、餅皮1張

作法 1 將奇異果、火龍果去皮後，切成小丁狀。
　　　 2 取1張餅皮舖平，舖上食材捲起對切即可。

味噌蜜飯糰

　　蜂蜜具有極高的營養價值，將壽司醋飯刷上適量的蜂蜜、味噌後，再放入烤箱烘烤，美味簡單的野餐點心就出爐囉！

材料 蜂蜜10cc、味噌少許、壽司醋飯少許、海苔1片

作法 1 壽司醋飯捏成圓球狀放入烤盤，將味噌跟蜂蜜攪拌均勻後刷於飯糰上。
　　　 2 烤箱預熱130度，將飯糰烤約10分鐘。
　　　 3 將海苔剪成1小條長方型，包在飯糰中間即可。

味噌蜜飯糰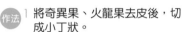

富含
蛋白質

水煮蛋壽司

水煮蛋也能變身成創意的壽司料理,將蛋黃泥與壽司醋飯混合後,捏塑成小圓球塞入蛋白裡,就變身為水煮蛋壽司!

材料 雞蛋1顆、橄欖油1～2滴、壽司醋飯少許

作法
1. 雞蛋放於蒸架上,外鍋半杯水,用電鍋蒸熟成水煮蛋。
2. 水煮蛋去殼對切,挖出兩邊蛋黃的部分,蛋白則放旁備用。
3. 將蛋黃壓泥後,滴入1～2滴橄欖油,並與醋飯攪拌。
4. 將步驟3捏塑成小圓球,塞回蛋白內即可。

吐司壽司捲

提高免疫力

吐司壽司捲

吐司桿薄後當底,包入海苔、小黃瓜條、紅蘿蔔條後捲起,就能一口咬下滿滿的營養,美味又好吃!

材料 吐司1片、海苔1片、
小黃瓜(切成2小條)、
紅蘿蔔(切成2小條)、
壽司醋飯少許

作法
1. 小黃瓜條、紅蘿蔔條先燙熟,放旁備用。
2. 吐司用桿麵棍桿薄後,上面放上海苔,鋪上醋飯、小黃瓜條、紅蘿蔔條後捲起。
3. 捲緊後,切適當長度即可。

幫助排便

馬鈴薯沙拉捲

馬鈴薯的營養成分高,除了澱粉之外,又富含維生素C、鉀、蛋白質、鈣等營養素,膳食纖維高,能幫助排便。

材料 酪梨油(橄欖油)少許、
紅蘿蔔少許、雞蛋1顆、
馬鈴薯半顆、壽司醋飯少許、
海苔1片

作法
1. 馬鈴薯、紅蘿蔔去皮切丁,並與雞蛋一起蒸熟。
2. 將蒸熟的馬鈴薯、紅蘿蔔、雞蛋壓成泥,加入少許酪梨油混合拌勻。
3. 取一張保鮮膜或壽司竹捲,將海苔鋪上再鋪少許壽司醋飯。
4. 醋飯上均勻放入馬鈴薯沙拉泥,捲成細捲後切成適當等分。

馬鈴薯沙拉捲

富含
維生素

燒肉飯糰

豬肉富含蛋白質、維生素及礦物質，能增強身體的免疫力，所含的磷還能製造骨骼及牙齒所需的營養，並幫助神經功能保持正常。

材料　豬肉片1片、壽司醋飯少許、
　　　海苔1片（約2cm寬度）

作法　1　將壽司醋飯搓成圓球狀。
　　　2　步驟1用燒肉片包覆後，以烤箱上下火150度，微烤5～10分鐘，時間視肉片厚度來決定。
　　　3　出爐後，將海苔放在飯糰下方即可。

蛋沙拉壽司捲

蛋沙拉壽司捲

　　雞蛋與玉米都是非常營養的
食材，而且玉米還富含葉黃素、
膳食纖維，不僅能預防白內障還
有改善便祕的功效。

材料 玉米少許、雞蛋2顆、
酪梨油少許、壽司醋飯少許、
無鹽海苔1片

作法 1 玉米去皮取粒後，與雞蛋一起
蒸熟。
2 將雞蛋壓泥後與玉米拌勻，並
滴入2～3滴酪梨油，將其混
合均勻。
3 取一張保鮮膜或壽司竹捲，將
海苔舖上再舖少許壽司醋飯。
4 醋飯上面均勻抹上玉米雞蛋沙
拉泥，捲成細捲後再切成適當
等分即可。

蛋包飯捲

　　這是一道簡單基礎的飯糰料
理，只要將雞蛋打散煎熟做成蛋
皮，再包入壽司醋飯即可，也可
以依孩子口味，再包入起司或其
他孩子喜歡的各式食材。

材料 雞蛋2顆、壽司醋飯少許

作法 1 雞蛋打散，用平底鍋煎熟。
2 將煎好的蛋，包起壽司醋飯，
可再依喜好包入其他食材。

蛋包飯捲

提高
免疫力

三杯菇菇飯糰

這道料理使用少許醬油、糖、
蠔油，與各式菇類一起拌炒，是道
美味營養的料理。菇類具有豐富養
素，可以自行搭配孩子喜愛的種類
來食用。

材料 菇類少許（例如杏鮑菇、蘑菇、
舞菇）、壽司醋飯1小球、海苔1片

作法
1 鍋子熱鍋倒入蒜油、薑片炒香後，將
菇類下鍋，加入少許醬油及少量糖、
蠔油拌炒。
2 倒入少許黑麻油，待湯汁收乾後，包
入壽司醋飯中。
3 最後將飯捏成圓球狀，放在海苔上方
即可。

鮮蔬彩色小飯糰 富含維生素

如果孩子不喜歡吃蔬菜，其實可以將各式蔬菜打成泥，與白米一起煮成飯，起鍋後揉成小飯糰，就是道營養美味的小點心喔！

材料 菠菜少許、紅蘿蔔少許、白米1杯、鮭魚2片

作法
1 將食材切細碎或打成泥，放旁備用。
2 將步驟1的食材加入白米內，一起煮成軟泥，比例為食物泥：白米＝1：2。
3 起鍋後將米飯攪拌一下，放涼備用。
4 取適量的米飯捏成圓球狀，微微壓緊即可。

鮮魚起司小飯糰 鈣質含量高

起司含有豐富的蛋白質、鈣質，能預防骨質疏鬆症，打造出強健的骨骼，將其與烤熟的鮮魚一起拌入醋飯中，就是營養的小飯糰！

材料 生魚片3片、壽司醋飯少許、起司半片

作法
1 將生魚片抹上薄鹽後，放入烤箱以上下火120度，烘烤約5分鐘至全熟。
2 魚片壓成魚末拌入壽司醋飯，舖在保鮮膜上整平，中間放入起司。
3 將保鮮膜束緊醋飯並整成圓球狀後，最後拿掉保鮮膜即可。

味噌香烤魚飯糰 鈣質含量高

魚片可以選擇孩子喜愛吃的種類，但是要記得挑魚刺少的魚類，例如鮭魚、鱈魚就是很適合的食材。將魚片抹上少量的味噌放入烤箱烘烤，香噴噴又美味的烤魚飯糰就出爐啦！

材料 生魚片3片、壽司醋飯少許、味噌少許

作法
1 生魚片抹上味噌後，放入烤箱以上下火120度，烘烤約5分鐘至全熟。
2 魚片壓成魚末拌入壽司醋飯，舖在保鮮膜上整平。
3 將保鮮膜束緊醋飯並整成圓球狀後，最後拿掉保鮮膜即可。

翡翠飯糰

製作野餐點心、愛心便當時，有了可愛模具的輔助，就能讓料理更加分喔！這道料理我使用了熊貓飯糰壓模器，是不是超卡娃伊呢！

材料 花椰菜適量、紅蘿蔔適量（切小丁）、壽司醋飯少許、酪梨油適量、無鹽海苔1片

作法

1. 將鍋子熱鍋後，放入酪梨油、花椰菜、紅蘿蔔炒熟（也可以用水煮熟）。
2. 步驟1切碎，拌入醋飯裡。
3. 海苔用壓模器壓出熊貓的耳朵、眼睛、嘴巴。
4. 將醋飯捏成圓球狀，放入可愛飯糰模型中定型，取出後放海苔即完成。

Arnest／
熊貓頭飯糰壓模器

輕食手捲類

　　本書裡大部分的手捲類，都可以自製基礎餅皮來包料，甚至也能發揮巧思加入其他食材混入麵糊裡，做出不同的餅皮喔！

Tips 若無法自製餅皮，也可以用市售的潤餅皮、蔥油餅皮來當手捲皮喔！

基礎餅皮作法 　材料 高筋麵粉100g、鹽5g、水180g

① 將所有材料拌均勻成麵糊，再蓋上保鮮膜冷藏放置1個小時備用。

② 平底鍋熱鍋刷上油，開最小火後，舀一小匙麵糊放入鍋中。

③ 以湯匙或是刮刀將麵糊推成大圓形，推的時候越薄越好，但不能破洞喔！

④ 待餅皮邊緣微微捲起，再用夾子輕輕夾起備用即可。

富含
DHA

雞蛋燒肉捲

燒肉片可以選擇用牛肉或豬肉，利用醬油先醃到入味，再放入烤箱烘烤，出爐後用煎好的蛋皮包起燒肉片，美味地料理就完成了！

材料 燒肉片2片、洋蔥少許、雞蛋4顆、薄鹽醬油少許、蒜頭少許

作法
1. 燒肉片用薄鹽醬油以及少許蒜頭，先抓醃約10分鐘。
2. 將燒肉片放入烤箱，烤約10分鐘至全熟。洋蔥切絲先炒熟備用。
3. 取4顆蛋打散均勻後，平底鍋熱鍋熱油倒入蛋液。
   煎成約1.5cm厚度的蛋皮，表面蛋液尚未全凝固時，將步驟2的餡料放至蛋皮上方並輕輕捲起。
   將捲起後的雞蛋捲放涼，對切即可。

Tips 對切主要是讓孩子用手拿著吃的時候更方便，也可以切成4等分並叉上小叉子。

增強
記憶力 營養蔬果捲

　　將餅皮包入小黃瓜片、蘋果
丁、小番茄,清爽營養又好吃的
蔬果捲就完成囉!蘋果具有增強
記憶力的功效,好吃又營養!
除此之外,我們也可以依孩子喜
好,放入他們喜歡吃的水果唷!

材料　蘋果1/3顆、小黃瓜半條、
　　　番茄2小顆、餅皮1張

作法　1 小黃瓜切薄片燙熟備用、蘋果
　　　　去皮泡鹽水5秒後撈起切丁、
　　　　小番茄對切。
　　　2 取1張餅皮舖平,舖上食材捲
　　　　起對切即可。

富含
DHA 香煎鮭魚捲

　　鮭魚含有蛋白質、Omega-3
脂肪酸等多種營養素,對人體健
康有很大的功效,搭配小黃瓜、
番茄能變身營養滿滿的鮭魚捲。

材料　鮭魚1小片(去皮)、
　　　小黃瓜1小段、番茄丁少許、
　　　酪梨油少許、餅皮1張

作法　1 取一平底鍋或鑄鐵鍋,以酪梨
　　　　油熱鍋後乾煎鮭魚。
　　　2 鮭魚起鍋後切碎備用、小黃瓜
　　　　切薄片或細絲燙熟備用。
　　　3 取1張餅皮舖平,將鮭魚、小
　　　　黃瓜、番茄丁舖上後捲起。
　　　4 最後對切即可食用。

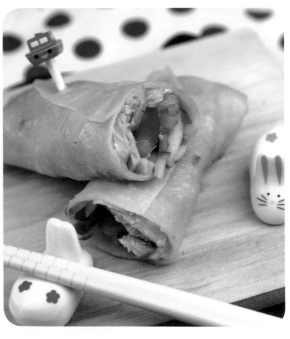

墨西哥雞肉捲

　　雞胸肉的熱量低、營養價值很高，而且富含優質蛋白質、維生素 B 群、鈣、磷、鐵等營養，有增強體力、強健身體的功效。

材料 餅皮1張、小番茄2顆、雞胸肉少許、酪梨油少許

作法
1. 將小番茄切成丁或塊狀、雞胸肉切絲，放旁備用。
2. 取平底鍋倒入酪梨油，並將雞胸肉煎至雙面金黃。
3. 取1張餅皮，將雞胸肉放上，再放上番茄丁。
4. 將雞肉捲慢慢捲起即可。

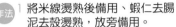

越南春捲

幫助 消化

　　米線是越南常見的麵食，口感與台式米粉相比，吃起來更滑嫩爽口。將米線、鮮蝦、香菜一起包入餅皮捲起，就是口感清爽的一道美食。

材料 餅皮1張、米線1小把、鮮蝦1隻、香菜少許

作法
1. 將米線燙熟後備用、蝦仁去腸泥去殼燙熟，放旁備用。
2. 取1張餅皮，先行舖上米線、鮮蝦後捲起。
3. 捲到最後一折後，灑上少許香菜即可。

蔬果鮮蝦捲

提高 免疫力

　　蝦子肉質鬆軟、容易消化，而且富含鎂、磷、鈣，有增強體力與免疫力的功效，還能保護心血管系統。

材料 鮮蝦2隻、蘋果2小片、柳橙1/4顆、餅皮1張

作法
1. 柳橙去皮切丁、蘋果去皮切丁泡鹽水，放旁備用。
2. 鮮蝦去腸泥燙熟後，去殼對切，放旁備用。
3. 取1張餅皮舖平，舖上蘋果丁、柳橙丁。
4. 放上鮮蝦後輕輕捲起，再對切即可食用。

鈣質含量高

香煎炒飯捲

炒飯與起司絲包入餅皮內捲起後,再放入烤箱烤約 5 ～ 10 分鐘,就能變身迷人美味的飯捲,是道很受孩子歡迎的點心!

材料　炒飯半碗、餅皮1張、起司絲少許

作法
1　將炒飯放置餅皮上方,並舖上少許起司絲。
2　像捲春捲一樣,捲起餅皮。
3　烤箱預熱120度,放入炒飯捲,烤約5～10分鐘即可。

鮮蔬海苔捲餅

這是一道營養簡單的料理，將鮮蔬食材燙熟後，與海苔一起包入餅皮裡就完成，簡單又美味！

材料 餅皮1片、無鹽海苔1片、蘆筍1根（切成2段）、小黃瓜條1條、番茄丁少許、紅蘿蔔條1條

作法
1 將小黃瓜、紅蘿蔔條、蘆筍先行燙熟。
2 取保鮮膜放至桌面上，依序放上餅皮與海苔。
3 依序由下往上放上配料，並慢慢往上捲起捲緊。
4 取掉保鮮膜後，切成適當大小即可。

白菜豬肉捲

大白菜是很營養的食材，富含維生素C，除了可以消除疲勞，還具有預防感冒的功效喔！

材料 豬絞肉約50g、雞蛋1顆、蔥花5g、紅蘿蔔絲20g、大白菜4～5片

作法
1 豬絞肉加入少許鹽抓醃靜置20分鐘。
2 將雞蛋打散成蛋液，與步驟1攪拌均勻。
3 取高麗菜葉整片，燙熟放涼備用。
4 高麗菜葉平鋪於工作台上，在下方1/3處中間放上1～2匙的步驟2。
5 捲緊捲成春捲狀，放入盤內並放入電鍋裡。
6 電鍋外鍋放1杯水，待開關跳起即可食用。

玉子燒飯捲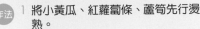

炒飯先行炒熟後，當成餡料包入雞蛋捲裡面，就能完成美味的玉子燒飯捲囉！

材料 雞蛋2顆、香菇炒飯適量

作法
1 將香菇炒飯炒熟、雞蛋打散備用。
2 熱鍋後倒入雞蛋，待雞蛋表面7分半熟凝固後，放入炒飯再捲起即可。

Tips
★香菇炒飯材料：香菇1朵、金針菇少許、杏鮑菇半朵、蒜味橄欖油少許，紅蘿蔔與蔥花少許、白飯半碗
★香菇炒飯作法：將食材切丁後備用，取一炒鍋或平底鍋，熱鍋下油後先將菇類跟紅蘿蔔下鍋拌炒。接著倒入白飯，拌炒均勻後撒上蔥花取出即可。如果孩子年紀較大，或是大人要食用，可以加點醬油調味。

幫助
消化

馬鈴薯雞肉捲

　　馬鈴薯富含維生素C、鉀、蛋
白質、醣類、維生素B1、鈣、鐵、
鋅、鎂等營養素，營養非常豐富，
有幫助消化、增強體力、預防皮膚
粗糙、保護眼睛的功效。

材料　馬鈴薯1/4顆、雞腿肉1小塊、
　　　餅皮1張、紅蘿蔔丁少許

作法
1 將馬鈴薯去皮蒸熟、紅蘿蔔去皮蒸
　熟、雞腿肉去皮蒸熟撕成絲。
2 取一餅皮當底，舖上馬鈴薯泥並放上
　紅蘿蔔丁、雞腿肉後捲起。
3 像春捲一樣捲起後，取平底鍋倒少許
　油，乾煎至外皮微金黃即可。

可麗餅起司肉捲

起司鈣含量高的特色，一直是大人、小孩都愛吃的食材，選購時建議要以天然起司為主，才能正確吃進營養喔！

材料 中筋麵粉75g、鮮奶30cc、水30cc、奶油10g、雞蛋1顆、豬絞肉50g、起司絲少許、蘑菇2顆

作法
1. 將豬絞肉、蘑菇先用少許奶油炒香備用。
2. 麵粉、奶油、雞蛋、水、鮮奶混合打勻，放入冰箱冷藏半天。
3. 將麵糊用湯匙倒入平底鍋抹平，煎至雙面金黃備用。
4. 取餅皮平舖桌上，在1/3處平舖餡料以及少許起司絲。
5. 捲緊並刷上蛋液後，烤箱預熱150度，放入微烤5分鐘即可。

Tips 若產品原料是寫「牛奶」，則多半是天然起司。

菠菜厚蛋燒

這是一道孩子很愛吃的料理，作法相當簡單，只要準備長方型的鍋子，放入蛋液及想要吃的食材，煎熟捲起即可完成！

材料 菠菜1大把、雞蛋6顆、鹽少許、蒜味橄欖油少許

作法
1. 將菠菜洗淨取葉子部位，並切成細碎。
2. 雞蛋打散後加入菠菜拌勻。
3. 取長方型的鍋子，熱鍋後抹上少許橄欖油後，倒入2匙蛋液。
4. 讓蛋均勻在鍋上，待成形後慢慢推捲到另一邊。
5. 起鍋後放涼，切成適當等分即可。

Tips PART1有介紹到的3格平底鍋，就可以使用中間那格來製作蛋捲、厚蛋燒。

蝦仁起司厚蛋燒

若孩子喜歡吃海鮮，那這道海鮮版的厚蛋燒絕對是您不可錯過的好選擇！將喜愛的海鮮料理與蛋液拌勻，放入長方型鍋中煎成蛋捲，美味營養的料理簡單就完成！

材料 蝦仁50g、雞蛋6顆、起司絲少許、蒜味橄欖油少許

作法
1. 取一半的蝦仁洗淨去腸泥，切成小丁狀。
2. 雞蛋打散後加入蝦仁丁拌勻。
3. 取長方型的鍋子，熱鍋後抹上少許橄欖油後，倒入2匙蛋液。
4. 讓蛋均勻於鍋上，並平舖剩下一半未切的蝦仁與起司絲。
5. 蛋捲漸漸成形後，慢慢推捲到另邊即可。

Tips 蛋捲起鍋後，必須等待冷卻再切才會漂亮。

螞蟻上樹粉絲捲

螞蟻上樹其實就是肉末炒冬粉，將肉末、蔥花、紅蘿蔔絲、冬粉一起拌炒，再放入餅皮捲起，就是一道創意又美味的野餐點心！

材料 冬粉1/4個、絞肉20g、蔥花少許、紅蘿蔔丁或絲少許、蒜味橄欖油少許、醬油少許

作法
1 取平底鍋倒入蒜味橄欖油，拌炒絞肉、紅蘿蔔，再倒入少許醬油與1杯水。
2 拌入泡軟的冬粉，拌炒至水分收至微乾，盛起後放旁備用。
3 取1張餅皮當底，放上步驟2，捲起後即可食用。

71

提高
免疫力

蘿蔔絲雞肉捲

　　白蘿蔔含有豐富的維生素Ｃ，
除了能加強人體的免疫功能之外，
其富含的膳食纖維還能幫助腸胃消
化、預防便祕喔！

材料　白蘿蔔少許、雞肉丁20g、蔥花少許、
　　　蒜味橄欖油少許

作法
1. 將雞肉丁切細碎、白蘿蔔切細絲，放
　 旁備用。
2. 取平底鍋倒入蒜味橄欖油，拌炒蘿蔔
　 絲、碎雞肉，加入少許蔥花後關火。
3. 取1張餅皮當底，舖上步驟2的餡料即
　 可食用。

高麗菜豬肉捲

　　高麗菜營養價值非常高,有豐富的維生素、膳食纖維、鈣、鐵、磷,抗氧化與抗癌效果很好,還有預防便祕的功效喔!

材料　豬絞肉50g、雞蛋1顆（打成蛋液）、鹽少許、高麗菜葉4～5片

作法

1. 豬絞肉先與鹽巴抓醃,靜置約20分鐘後,倒入蛋液一起攪拌均勻。
2. 將高麗菜葉整片燙熟放涼備用。
3. 高麗菜葉平鋪於工作台上,在下方1/3處中間放入1～2匙的步驟1。
4. 捲緊成高麗菜捲,用叉子或是金針菇綁起。
5. 將高麗菜捲放入熱水中,煮熟後即可食用。

水餃皮雙色瓜捲

　　水餃皮也能當成手捲的餅皮
唷!地瓜、南瓜都是營養豐富的食
材,將其壓成泥後包入水餃皮裡當
餡料,放入烤箱烤 5 分鐘,就是一
道美味的小點心!

材料　水餃皮8片、地瓜半條、南瓜1小塊、
　　　酪梨油少許

作法　1 地瓜、南瓜去皮壓成泥後,滴入少許
　　　　酪梨油拌勻。
　　　2 將2片水餃皮桿在一起,使其面積變
　　　　大一些。
　　　3 步驟1的雙色泥平舖於步驟2的水餃皮
　　　　上,並捲起。
　　　　放入烤箱中微烤5分鐘即可。

Tips 步驟4也可以用平底鍋乾煎至金黃色。

披薩 & 塔類

　　因為市售塔皮通常高油脂、高熱量，因此自製塔皮會比較健康，可以一次做起來，冷凍分次使用，只要家裡塔模夠就可以。我通常是一次做約 10 個左右，分 2 ～ 3 次來使用，本書所使用的塔皮都是以下作法。

基礎塔皮作法

材料 無鹽發酵奶油（切小塊）40g、中筋麵粉150g、蛋黃2顆、鹽1g、全蛋1顆

作法
1 將冰的無鹽發酵奶油、中筋麵粉混入攪拌盆內。
2 用手直拉混搓成粒狀，加入蛋黃混壓成麵團。
3 使用保鮮膜包好麵團，冷藏至少1個小時。
4 麵團撒上手粉，用桿麵棍桿平後捲起，再分切成10等分麵團。
5 將小麵團桿平約0.2～0.3cm的麵皮大小，覆蓋在塔模上。
6 切掉邊緣多餘的塔皮。
7 用手指按壓塔模底部，讓塔模跟塔皮可以緊密貼合。
8 用叉子在塔皮底部戳洞，放入冰箱冷藏40分鐘，再取出塔皮。
9 將塔皮上方鋪上烘焙紙，放上乾淨小石頭（主要是讓塔皮固定於模上），放入預熱180度烤箱，烤15分鐘。
10 用叉子在塔皮底戳洞，放入冰箱冷藏40分鐘，再取出塔皮。
11 烤好後拿走烘焙紙跟小石頭，刷上全蛋液，再烤5分鐘後取出放涼備用。

Tips 使用不完的塔皮，可以用分裝盒或保鮮袋裝，放入冷凍庫下次使用。

薄皮披薩餅皮作法

材料 高筋麵粉200g、細砂糖5g、鹽3g、速發酵母1.5g、橄欖油7g、溫水100g

作法 1 所有材料揉成一團後，慢慢倒入溫水，揉成不黏手麵團。
2 將麵團放入鋼盆內，待其發酵至2倍大。
3 麵團分成2等分，靜置5～10分鐘。
4 麵團棍成約0.5～1cm厚度的大小即可。

Tips 1 可以一次做好就放到冰箱冷凍，需要時再取用。
2 本書的披薩幾乎都是教厚皮披薩，若是想吃薄皮的口感，
可以用這邊教的餅皮來製作。

南瓜雞肉塔

玉米菇菇塔

菠菜蘑菇起司塔

菠菜鮭魚塔

番茄菇菇起司塔

菠菜蘑菇起司塔

菠菜營養價值高，富含維生素C、膳食纖維，有促進腸胃蠕動、幫助排便的功效。

材料 菠菜4根、蘑菇2朵、雞蛋1顆、起司適量、塔皮3個

作法
1. 將菠菜、蘑菇、起司通通切碎，放旁備用
2. 步驟1放入攪拌盆裡，再放入其他食材拌均勻。
3. 將步驟2的餡料倒入塔皮中（倒8～9分滿）。
4. 烤箱預熱160度，烤25分鐘左右即可出爐。

富含
卵磷脂

豬肉末拌飯塔

雞蛋的營養豐富，其中蛋黃的營養成分更高於蛋白，可說是雞蛋裡面的精華。

材料 豬絞肉1小球、白飯1小球、洋蔥少許、蛋黃1顆、塔皮3個

作法
1. 將豬絞肉切細碎、洋蔥切碎，放旁備用。
2. 豬絞肉、白飯、洋蔥、蛋黃放入攪拌盆裡，攪拌均勻。
3. 將步驟2的餡料倒入塔皮中（倒8～9分滿）。
4. 烤箱預熱160度，烤25分鐘左右即可出爐。

玉米菇菇塔

玉米富含維生素、葉黃素、膳食纖維，不僅能改善便祕還能預防眼睛老化喔！

材料　玉米1根、香菇2朵（泡軟）、
　　　蘑菇3朵、雞蛋1顆、塔皮3個、
　　　金針菇少許、起司10g（分切3小塊）

作法
1　玉米水煮後去皮取粒，放旁備用。
2　香菇、蘑菇、金針菇切丁切碎備用。
3　玉米、香菇、蘑菇、雞蛋、金針菇，
　　一起攪拌均勻。
4　將步驟3的餡料倒入塔皮中（倒8～9
　　分滿），並各放入1塊起司。
　　烤箱預熱160度，烤20分鐘左右即可
　　出爐。

鮮蝦菇菇塔

　　蝦子的肉質鬆軟好消化，且
蛋白質含量高、熱量低，有增強
體力的功效。

材料 杏鮑菇1朵、紅蘿蔔1小塊、
　　　鮮奶80cc、雞蛋1顆、
　　　塔皮3個、蝦仁3隻

作法 1 杏鮑菇切丁、紅蘿蔔去皮切
　　　　丁、2隻蝦仁去腸泥備用。
　　　2 將杏鮑菇、紅蘿蔔、鮮奶、雞
　　　　蛋放入攪拌盆裡，通通攪拌均
　　　　匀。
　　　3 將步驟2的餡料倒入塔皮中
　　　　（倒8～9分滿），最後放上
　　　　一隻蝦仁。
　　　4 烤箱預熱160度，烤20分鐘左
　　　　右即可出爐。

提高
免疫力 奶油蘑菇烘蛋

　　花椰菜含有維生素C、B1、
B2，有預防感冒、提升免疫力、
消除疲勞的功效。

材料 無鹽奶油10g、蘑菇4朵、
　　　全蛋2顆、花椰菜2朵、
　　　玉米粒少許

作法 1 將蘑菇切碎、花椰菜切細
　　　　碎，放旁備用。
　　　2 將所有食材放入攪拌盆裡拌
　　　　匀。
　　　3 取瑪芬模，模上刷奶油並倒
　　　　入蛋液。
　　　4 烤箱預熱160度，烤20分鐘
　　　　左右即可出爐。
　　　5 出爐後再脫模即可。

幫助鈣
質吸收

菠菜鮭魚塔

　　鮭魚的營養價值高，除了富含Omega-3 脂肪酸，還有預防心血管疾病、消除疲勞、幫助鈣質吸收的功效。
·················

材料　鮭魚1小塊、菠菜5根（只取菜）、洋蔥3朵、雞蛋1顆、塔皮3個、紅蘿蔔1小節、蒜味橄欖油少許、起司少許

作法
1. 菠菜切丁、紅蘿蔔去皮切丁、洋蔥切碎備用。
2. 取平底鍋倒入些許蒜味橄欖油後，將鮭魚煎至7～8分熟並切細碎。
3. 將鮭魚、雞蛋、洋蔥、菠菜、紅蘿蔔放入攪拌盆裡攪拌均勻。
4. 餡料倒入塔皮中（倒8～9分滿），舖上少許起司（或灑上起司粉）。
5. 烤箱預熱160度，烤20分鐘左右即可出爐。

提高
免疫力 # 田園蔬菜塔

花椰菜富含維他命C，具有
預防感冒、提升免疫力的功效。

材料 花椰菜2朵、高麗菜1片、
蘑菇3朵、雞蛋1顆、
塔皮3個、洋蔥少許、
蒜味橄欖油少許、起司少許

作法 1 花椰菜切丁、紅蘿蔔去皮切
丁，高麗菜、蘑菇、洋蔥切碎
備用。
2 取平底鍋將步驟1食材放入，
用少許蒜味橄欖油先行炒香。
3 步驟2的餡料倒入攪拌盆中，
再倒入雞蛋、鮮奶攪拌均勻。
4 將餡料倒入塔皮中（倒8～9
分滿），舖上少許起司（或灑
上起司粉）。
5 烤箱預熱160度，烤20分鐘左
右即可出爐。

預防
癌症 # 番茄菇菇起司塔

番茄的茄紅素是所有蔬果中
最高的，茄紅素具有強大的抗癌
能力，還有預防老化的功效。

材料 小番茄3顆（洗淨保留蒂頭）、
蘑菇6朵、雞蛋1顆、
起司30g、塔皮3個、
鮮奶100cc、豆腐20g

作法 1 蘑菇切小片備用（留3朵不
切）。
2 雞蛋、起司、蘑菇、豆腐放入
攪拌盆攪拌均勻。
3 將餡料倒入塔皮中（倒8～9
分滿），每個塔上再放1朵蘑
菇以及1顆番茄。
4 烤箱預熱160度，烤25分鐘
左右即可出爐。

增強
體力

海鮮披薩厚片

可以自行添加孩子喜歡的海鮮
餡料，蝦仁、蟹肉、花枝都是營養
美味又富含蛋白質的食材。

材料 高筋麵粉135g、鮮奶55cc、油5g、
酵母粉2g、鹽1g、蟹肉8～10個、
蝦仁5～6隻、甜豆少許、洋蔥少許、
花枝5～6個、起司絲少許

作法 1 麵粉、鮮奶、油、鹽通通混合成麵
團，最後揉入酵母粉。
2 混合後的麵團用保鮮膜包起，冷藏至
少20分鐘。
3 取出麵團桿成約2cm厚的底皮。
4 將洋蔥、花枝、蟹肉切丁分散撒於底
皮上，最後再放上甜豆、完整的蝦
仁，灑上少許起司絲。
5 烤箱預熱180度，烤25分鐘左右即可
出爐。

蜂蜜水果披薩

　　水果可以自行選擇孩子喜愛的來搭配，這裡以蘋果、鳳梨、奇異果為主，都是富含高營養價值的水果。

材料 高筋麵粉805g、鮮奶35cc、油5g、酵母粉2g、鹽1g、蜂蜜少許、蘋果1顆（切片）、鳳梨1/4個（切片）、奇異果1顆（切片）、起司絲100g

作法
1 麵粉、鮮奶、油、鹽通通混合成麵團，最後揉入酵母粉。
2 混合後的麵團用保鮮膜包起，冷藏至少20分鐘。
3 取出麵團桿成約0.5～1cm厚的底皮，用刷子在底皮上刷上蜂蜜。
4 將水果片均勻分散擺在底皮上，再灑上起司絲。
5 烤箱預熱180度，烤15分鐘左右即可出爐。

夏威夷披薩

　　鳳梨營養價值高，有消除疲勞、增進食慾、改善消化不良的功效，建議以新鮮鳳梨來取代罐頭鳳梨。

材料 高筋麵粉135g、鮮奶55cc、油5g、酵母粉2g、鹽1g、鳳梨半個、蝦仁10～15隻、紅蘿蔔1小塊、起司絲100g

作法
1 麵粉、鮮奶、油、鹽通通混合成麵團，最後揉入酵母粉。
2 混合後的麵團用保鮮膜包起，冷藏至少20分鐘。
3 取出麵團後，桿成約0.5～1cm厚的底皮。
4 將鳳梨、紅蘿蔔切丁、蝦仁每隻分切3等分，均勻放在底皮上，再灑上起司絲。
5 烤箱預熱180度，烤15分鐘左右即可出爐。

南瓜烘蛋杯

　　南瓜因為富含β-胡蘿蔔素、維他命C和E，因此抗氧化力強，有預防癌症、促進食慾、排毒利尿等功效。

材料 南瓜60g、雞蛋2顆、鮮奶10cc

作法
1 將南瓜蒸熟壓成泥，放旁備用。
2 取蛋盆將雞蛋打散後，拌入步驟1的南瓜泥。
3 將南瓜蛋糊倒入杯模中。
4 烤箱預熱160度，烤30分鐘左右即可出爐。

鮮蝦蘆筍塔

消除
疲勞

蘆筍營養豐富，其所含的硒元
素，是治療癌症、抗癌的重要功臣，
且還含有必需胺基酸，具有消除疲
勞的功效。

材料 鮮蝦3隻、鳳梨30g、雞蛋1顆、
蘆筍4根、塔皮3個、鮮奶70cc

作法
1. 將鳳梨切丁備用，蘆筍留2根切成6等
分，其餘切丁備用。
2. 鮮蝦去腸泥，並與蘆筍燙熟備用。
3. 將雞蛋、鮮奶、鳳梨放入攪拌盆攪拌
均勻。
4. 將餡料倒入塔皮中（倒8～9分
滿），烤箱預熱160度，烤25分鐘左
右即可出爐。
5. 出爐後用蘆筍在塔上擺個「X」，再
將蝦子放上即可。

南瓜雞肉塔

南瓜具有提高人體免疫力的功效，而雞肉則富含蛋白質，能有效增強體力。

材料 南瓜60g、雞胸肉1小塊、洋蔥少許、蒜味橄欖油少許、塔皮3個、鮮奶100cc、雞蛋1顆

作法

1 南瓜蒸熟壓成泥備用、雞胸肉切丁、洋蔥切丁備用。

2 取平底鍋倒入些許蒜味橄欖油，將雞肉丁、洋蔥拌炒至7分熟。

3 將雞蛋打成蛋液，與步驟2的食材一起放入攪拌盆裡攪拌均勻。

4 將餡料倒入塔皮中（倒8～9分滿）。

5 烤箱預熱180度，烤15分鐘左右即可出爐。

富含
蛋白質

墨西哥雞肉薄餅

雞胸肉脂肪含量低,而且富含蛋白質,還有促進新陳代謝、提升免疫力的功效。

材料　小番茄4～5顆、雞胸肉1小塊、酪梨油少許、餅皮1張

作法
1. 小番茄切丁、雞胸肉切丁,放旁備用。
2. 取平底鍋倒入些許酪梨油,將雞胸肉煎至雙面金黃。
3. 雞胸肉、小番茄舖於餅皮上方,將雞肉捲對折2次。
4. 烤箱預熱120度,烤5分鐘上色即可。

田園披薩

製作披薩常使用的起司絲（乳酪絲），建議選擇天然乳酪（非再製乳酪），才有補鈣的功效喔！

材料 高筋麵粉135g、鮮奶55cc、油5g、酵母粉2g、鹽1g、花椰菜4朵、蘑菇3個、紅蘿蔔1小塊、甜豆少許、玉米粒少許、起司絲100g

作法

1. 麵粉、鮮奶、油、鹽通通混合成麵團，最後揉入酵母粉。
2. 混合後的麵團用保鮮膜包起，冷藏至少20分鐘。
3. 取出麵團桿成約2cm厚的底皮。
4. 將蘑菇切片、紅蘿蔔與花椰菜切丁，與甜豆、玉米粒均勻分散遍布底皮，再灑上起司絲。
5. 烤箱預熱180度，烤15分鐘左右即可出爐。

麵條披薩

這裡的麵條也可以選用拉麵條，
吃起來兼具美味與口感，還可以依
喜好放入孩子愛吃的餡料來製作。

材料 高筋麵粉805g、鮮奶35cc、油5g、
酵母粉2g、鹽1g、麵條1小束、
蒜味橄欖油少許、洋蔥少許、
豬絞肉少許、起司絲100g、醬油少許

作法
1 麵粉、鮮奶、油、鹽通通混合成麵
  團，最後揉入酵母粉。
2 豬絞肉用1匙醬油先行抓醃，然後放
  旁備用。
3 混合後的麵團用保鮮膜包起，冷藏至
  少20分鐘。
4 取出麵團桿成約2cm厚的底皮，用刷
  子在底皮上刷蒜味橄欖油。
5 麵條先用水煮至7～8分熟，與豬絞
  肉、洋蔥攪拌混合。
6 麵條餡料平均鋪在披薩皮上，再灑上
  少許起司絲。
7 烤箱預熱180度，烤15分鐘左右即可
  出爐。

Tips 披薩的烘烤時間，需依披薩皮的厚度調整。

美味焗麵杯

小黃瓜營養豐富，不僅能促進
食慾、防止皮膚老化、養顏美容，
還具有預防便祕與抗癌功效。

Tips 書裡的起司都是減量的作法，因為年紀較
小的孩子並不適合吃舖得滿滿的起司。若
是大人要食用，可以再增加起司的量。

材料 麵條1小束、小黃瓜半根、紅蘿蔔1/4
根、橄欖油少許、起司絲20g

作法
1 將麵條先行燙至半軟、小黃瓜與紅蘿
蔔切絲，放旁備用。
2 取小鍋子，熱鍋後倒入少許橄欖油，
將麵條、小黃瓜絲、紅蘿蔔絲先行炒
香至8分熟。
3 取烤盅，將麵條分裝倒入後灑上起司
絲。
4 烤箱預熱140度，烤8分鐘左右即可
出爐。

PART ③
美味點心類，
孩子吃得好滿足

孩子最愛的點心類，
漢堡、三明治、布丁、麵包饅頭……
美味點心通通都能自己做，
步驟簡單就能做出營養點心，
讓孩子吃得健康又開心！

Let's Picnic!

漢堡三明治類

　　這個單元主要是介紹三明治、漢堡、口袋餅的製作方式，這些食譜的製作方式都不難，又都是很適合帶去野餐的食物。大家只要發揮巧思，製作時搭配一些孩子喜愛的材料，就能做出一道道讓孩子吃得營養又美味的野餐點心喔！

Tips 製作三明治時，放完餡料蓋上另一片吐司後，可以使用熱壓吐司機按壓約2秒，能讓三明治更緊實。

鈣質
含量高

水果三明治

　　製作時可以夾入孩子喜歡的水果，再搭配一片起司，就是營養豐富的小點心。

材料　吐司3片、芭樂切片適量、番茄切片適量、香蕉半根（切片）、起司1片

作法　1 將吐司微烤呈金黃色、水果通通切薄片。
　　　2 取一片吐司，夾上起司片後再蓋上另一片吐司。
　　　3 將水果層層堆疊，最上層再蓋上最後一片吐司。
　　　4 將吐司斜對切即完成。

鮪魚蔬菜三明治

鮪魚是非常營養的食材，富含蛋白質及 DHA、Omega-3 脂肪酸，有恢復體力、美容養顏、延緩老化的功用。

材料 鮪魚1小片、小黃瓜少許、
洋蔥絲少許、紅蘿蔔絲少許、
花椰菜1～2朵（切碎）、吐司2片切邊

作法
1 小黃瓜、洋蔥、紅蘿蔔、花椰菜燙熟（成人食用的話，洋蔥可以不用燙熟）。

2 鮪魚抹少許鹽（若孩子年紀較小可省略）後，放入烤箱約15分鐘烤熟。

3 將烤熟的魚肉壓碎，跟步驟1的蔬菜類攪拌均勻。

4 步驟3抹於吐司後，再將另一片吐司蓋上，雙角對切即可。

Tips 對切後插上小叉子，會讓孩子比較好拿取，可以適情況決定切的大小。

營養沙拉三明治

　　將各種食材蒸熟壓泥，拌入酪梨油來製成馬鈴薯沙拉，更健康美味好吃喔！

材料 馬鈴薯1顆、紅蘿蔔1/4條、雞蛋1顆、小黃瓜半條、吐司切邊2片、酪梨油少許

作法
1. 馬鈴薯去皮、紅蘿蔔去皮後與蛋一起蒸熟，小黃瓜切薄絲用熱水燙熟。
2. 馬鈴薯壓泥、紅蘿蔔切丁、水煮蛋壓泥後，滴入少許酪梨油，與小黃瓜絲混合攪拌均勻。
3. 將吐司烤至微金黃，取其中1片抹上馬鈴薯沙拉，並蓋上另一片。
4. 最後將吐司對切即可。

牛肉鮮蔬總匯

　　牛肉中含有維生素A、B、鐵質，可以預防缺鐵性貧血，其所含的「鋅」，也有強化免疫系統、修復傷口的功效。

材料 牛肉絲適量、小黃瓜絲適量、洋蔥絲適量、番茄2片、吐司切邊3片

作法
1. 小黃瓜燙熟，牛肉絲與洋蔥先行炒熟。
2. 取一片吐司鋪底，放上炒熟的牛肉絲與洋蔥、小黃瓜，再蓋上一片吐司。
3. 將番茄平鋪上，再蓋上最後一片吐司。
4. 將總匯三明治以十字對切成四等分，插上可愛小叉子即完成。

提升大
腦發育

彩色繽紛三明治

　　雞蛋含有 DHA、卵磷脂及豐富
的蛋白質，具有延緩老化、預防癌
症、幫助大腦發育的功效。

材料　雞蛋1顆、小黃瓜絲適量、
洋蔥絲適量、紅蘿蔔絲適量、
吐司2片切邊

作法
1 小黃瓜、洋蔥、紅蘿蔔燙熟（成人食
用的話，洋蔥可以不用燙熟）。
2 雞蛋打散後，放入平底鍋裡煎成蛋皮
並對切。
3 將蛋皮、小黃瓜、洋蔥、紅蘿蔔舖於
吐司上，再蓋另一片吐司。
4 吐司雙角對切，最後插上可愛小叉子
即可。

鮮蔬雞肉三明治

雞肉含有優質蛋白質，有增強體力、強壯身體、提升人體免疫力的功效。

材料 雞肉1片、小黃瓜絲適量、紅蘿蔔絲適量、番茄片2片、吐司切邊2片

作法
1 將小黃瓜、洋蔥、紅蘿蔔、花椰菜燙熟（成人食用的話，洋蔥可以不用燙熟）。
2 取一平底鍋，將雞肉片放入乾煎煎熟。
3 將吐司稍微烤熱，食材分別夾入2片吐司內。
4 將三明治各自對切，插上可愛小叉子即完成。

特製豬肉三明治

豬肉含有豐富的蛋白質，除了能加強身體免疫力之外，還含有磷可以製造骨骼、牙齒所需的營養喔！

材料 豬肉片1片、小黃瓜片適量、洋蔥絲適量、蘋果片2片、番茄2片、吐司切邊2片

作法
1 將小黃瓜燙熟，豬肉片與洋蔥先行炒熟。
2 取一片吐司鋪底，放上炒熟後的豬肉片與洋蔥、以及其他食材，最後蓋上另一片吐司。
3 將三明治以十字對切成四等分，插上可愛小叉子即完成。

Tips 這裡也可以做成總匯三明治，只要準備4片切邊吐司，每層再夾入想吃的食材，最後十字對切即完成！

富含
蛋白質

三鮮總匯三明治

鯛魚脂肪低又富含高蛋白質，
而且含有菸鹼酸，能有效促進血液
循環、消除疲勞、維持神經系統及
大腦功能正常。

材料　蝦仁適量、花枝適量、鯛魚片2片、小
黃瓜絲適量、蘋果片2片、番茄片2片、
奇異果片2片、吐司切邊3片

作法　1　將小黃瓜、花枝、魚片、蝦仁燙熟
（成人食用的話，洋蔥可以不用燙
熟）。
2　取一片吐司舖底，放上花枝、鯛魚、
小黃瓜絲跟番茄片，再蓋上一片吐
司。
3　最後放上蝦仁、蘋果片、奇異果片，
蓋上最後一片吐司。

三色三明治

雞蛋、地瓜、蘆筍都是富含營
養的食材,地瓜還含有膳食纖維,
有防癌排毒、預防便祕的功效。

材料 水煮蛋1顆、地瓜半條、蘆筍3根、
吐司切邊3片

作法
1. 將水煮蛋壓碎、地瓜去皮切片蒸熟、
蘆筍燙熟。
2. 取一片吐司鋪底,放上地瓜片後,再
蓋上一片吐司,接著放上水煮蛋、蘆
筍,再將最後一片吐司蓋上。
3. 將三明治以十字對切成四等分,插上
叉子即完成。

增強
體力

雞肉口袋餅

　　口袋餅可以自製，也可以使用現成的厚片吐司、潛艇堡麵包來製作，只要將其切開（不切斷），再將餡料包入就完成囉！

材料　★口袋餅（份量：1～2個）
高筋麵粉80g、速發酵母1.5g、
鹽1g、糖3g、橄欖油5cc
★餡料
雞腿肉丁30g、洋蔥20g、
小黃瓜絲5g、蒜味橄欖油少許

Tips 餅皮在烘烤的時候會膨起，出爐後便會消氣。

作法
1. 將麵粉、鹽、糖、油、酵母混勻，揉成光滑不黏手麵團。
2. 蓋上溼布發酵2小時，至2倍大（視溫度高低決定時間）。
3. 發酵完成後，拍打麵團壓平排出空氣，再將麵團搓成圓球。
4. 將麵團桿開成圓形，厚度大約0.3～0.5cm後，靜置15分鐘。
5. 烤箱以220度預熱，預熱完成後將餅皮放入烘烤約6～7分鐘（表面微焦的狀態）。
6. 出爐後中間橫切，兩邊開口都會有個口袋裝。
7. 取一鍋熱鍋，用蒜味橄欖油將雞腿肉丁、洋蔥炒香（可加少許醬油調味），炒至湯汁收乾。
8. 將小黃瓜絲燙熟後撈起，與步驟7的餡料拌勻。
9. 將餡料包入口袋餅，開口向內即可。

拌炒鮭魚口袋餅

鮭魚含有豐富的蛋白質、Omega-3
脂肪酸、DHA、維生素 B、維生素 D
等營養,具有活化腦細胞、消除疲勞
等功效。

....

材料　★ 口袋餅(份量:1~2個)
高筋麵粉80g、速發酵母1.5g、鹽1g、
糖3g、橄欖油5cc
　★ 餡料
鮭魚1小塊、小黃瓜絲5g、
蒜味橄欖油少許

作法 1 將麵粉、鹽、糖、油、酵母混勻,揉
　　　　成光滑不黏手麵團。
　　2 蓋上溼布發酵2小時,至2倍大(視溫
　　　　度高低決定時間)。
　　3 發酵完成後,拍打麵團壓平排出空
　　　　氣,再將麵團搓成圓球。
　　4 將麵團桿開成圓形,厚度大約0.3~
　　　　0.5cm,之後靜置15分鐘。
　　5 烤箱以220度預熱,預熱完成後將餅
　　　　皮放入烘烤約6~7分鐘(表面微焦的
　　　　狀態)。
　　6 出爐後中間橫切,兩邊開口都會有個
　　　　口袋裝。
　　7 取一鍋熱鍋,用蒜味橄欖油將鮭魚煎
　　　　至熟後,壓成小小片或細碎魚肉。
　　8 將小黃瓜絲燙熟後撈起,與步驟7的
　　　　餡料拌勻。
　　9 將餡料包入口袋餅,開口向內即可。

富含膳
食纖維

香菇迷你堡

這道料理發揮創意，將香菇當
成漢堡麵包，香菇除了含有多種營
養素，更是熱量低、纖維高的營養
食材。

材料 大香菇2朵、豬絞肉5g、豆腐10g、
玉米粉5g、小黃瓜1/4根、醬油2cc、
蒜泥適量

作法
1 大香菇去蒂頭燙熟、小黃瓜切絲燙熟
備用。

2 豬絞肉用2cc醬油以及蒜泥，先行抓
醃30分鐘。

3 豬絞肉與豆腐混入玉米粉，壓成肉
餅。

4 取平底鍋倒入少許油熱鍋後，將肉餅
煎熟。

5 取一片香菇當底，放上小黃瓜絲、漢
堡肉後，再蓋上另一片香菇，插上可
愛小叉子即完成。

烤雞鮮蔬總匯 增強體力

雞肉含有豐富的蛋白質,有增強體力的功效,雞腿肉雖然脂肪含量比雞胸肉多,但吃起來也較爽口。

材料 雞腿肉1小塊、小黃瓜絲適量、洋蔥絲適量、蘋果片2片、番茄片2片、吐司切邊4片、檸檬1顆(擠成汁)、醬油1匙、月桂葉1片

作法
1. 雞腿肉先用1顆檸檬(擠成汁)、1匙醬油、月桂葉先行醃製,放冰箱冷藏1天。
2. 將冷藏的雞腿肉取出,上下火150度烤20分至全熟,取出後切絲。
3. 小黃瓜燙熟放旁備用,豬肉片與洋蔥先行炒熟。
4. 取一片吐司舖底,放上烤雞肉絲,再覆蓋上一片吐司。
5. 小黃瓜跟番茄平舖上,再蓋上一片吐司,最後放上蘋果片以及最後一片吐司。
6. 將總匯三明治以十字對切成四等分,插上可愛小叉子即完成。

迷你小漢堡 提高免疫力

用牛絞肉來製成牛肉餅,再與荷包蛋、番茄片一起夾入漢堡內當餡料,健康又美味喔!

材料 雞蛋1顆、牛絞肉15g、豆腐10g、迷你漢堡麵包1個、紅蘿蔔少許、番茄片1小片

作法
1. 紅蘿蔔打成泥、牛絞肉抓出筋性、豆腐壓泥,放旁備用。
2. 紅蘿蔔、牛絞肉、豆腐混合後,壓成圓餅狀。
3. 取平底鍋熱鍋倒油,將雞蛋下鍋煎成荷包蛋。
4. 取出荷包蛋放旁備用,放入步驟2的牛肉餅並煎熟。
5. 漢堡麵包從中間橫切,夾入荷包蛋、牛肉餅以及番茄片。
6. 由上往下叉隻可愛小叉子固定(孩子會比較好拿取)。

Tips 孩子年齡較大的家庭,可以再抓醃牛絞肉的時候使用2cc的醬油微醃10分鐘。

造型麵口袋餅 富含蛋白質

造型麵可以選擇孩子喜愛的造型(例如小汽車造型麵),但麵需要燙熟的時間較久,燙熟後再與餡料一同拌炒即可。

材料 洋蔥丁少許、豬絞肉15g、紅蘿蔔丁少許、潛艇堡麵包1個、造型麵1小碗、醬油2cc、蒜味橄欖油適量

作法
1. 豬絞肉用2cc醬油醃漬半小時,並抓捏出筋性。造型麵先燙5分鐘放旁備用。
2. 取平底鍋熱鍋後,倒入些許蒜味橄欖油,將洋蔥丁、豬絞肉、紅蘿蔔丁炒香,並將燙至5分鐘的造型麵放入拌炒至全熟。
3. 麵包先微烤5分鐘後,從側邊對切(不要切斷),當成口袋餅。
4. 將步驟2的餡料包入口袋餅內即可。

預防
便祕

水果口袋餅

水果可以自行選擇愛吃的種類，
這裡用厚片吐司來自製成口袋餅，
簡單就能吃到美味喔！

材料 香蕉1根、蘋果片2片、奇異果片3片、
厚片吐司半片

作法 1 厚片吐司從側邊對切（不要切斷），
當成口袋餅。
2 將水果都切片後，舀入口袋餅內即完
成。

三杯杏鮑菇米漢堡

將白飯煎至微金黃色，再夾入三杯杏鮑菇，美味好吃的口感，讓大人、小孩都很愛吃喔！

材料 杏鮑菇2朵、白飯1大碗、九層塔少許、薑片3～4片、醬油3cc、黑麻油1cc

作法

1. 平底鍋熱鍋後，將薑片乾煸3分鐘後，加入醬油3cc，再加入杏鮑菇拌炒。

2. 倒入黑麻油拌炒，再加入九層塔關火備用（保留些許醬汁備用）。

3. 白飯分對半，使用保鮮膜塑形成圓餅狀，成2片米漢堡。

4. 取平底鍋，用油刷抹上步驟2所剩的醬汁後，放入2片米漢堡，煎至兩面微金黃即可起鍋。

5. 將三杯杏鮑菇夾入2片米漢堡內，即可完成。

布丁點心類

　　布丁、雞蛋糕、果凍、泡芙、鬆餅捲，是大人、小孩都喜愛的營養點心，也是很適合當下午茶、野餐的美味料理。若是害怕市售的點心類有過甜或高油脂等現象，不妨就試著自己動手做點心吧！自製的營養點心，不僅美味又吃得到營養喔！

 增強抵抗力

自製紅豆餅

　　紅豆含有豐富的鐵質，有補血、促進血液循環、強化體力、增強抵抗力的功效。

 材料

★餅皮
低筋麵粉150g、雞蛋1顆、細砂糖15g、鮮奶130g、無鹽奶油10g、酵母粉3g
★餡料
將40g紅豆加水浸泡一個晚上泡軟後，放入電鍋蒸熟再攪打成泥（或用攪拌棒，加一點點水打成泥備用即可）。

 作法

1 將奶油隔水加熱溶解後，放入攪拌盆裡，依序與糖、蛋、鮮奶攪拌均勻。
2 加入過篩的麵粉、酵母粉拌成麵糊，靜置20分鐘。
3 倒入紅豆餅模（模要記得先刷上油）後，再將餡料放入。
4 紅豆餅的邊邊微翹起後，將有餡料的紅豆餅放上另一面無餡料的紅豆餅。
5 最後再微烤5分鐘即可。

增強體力
美味幸福鬆餅

製作鬆餅的方式有很多種，除了使用平底鍋外，也可以使用鬆餅機。本次食譜是使用《GRID RICH》幸運草造型烤鬆餅機所製作，其內側採用不易黏鍋的不沾塗層，讓鬆餅不再容易黏鍋，輕鬆簡單就能完成熱呼呼的鬆餅喔！

材料 低筋麵粉90g、雞蛋1顆、細砂糖5g、鮮奶110g、無鹽奶油10g、酵母粉1g

作法
1 將奶油隔水加熱溶解後，放入攪拌盆裡，依序與糖、蛋、鮮奶、酵母粉攪拌均勻。
2 加入過篩的麵粉攪拌成麵糊，靜置30分鐘。
3 將鬆餅機熱鍋後，把麵糊倒入。
4 等待約3分鐘後，稍微打開看下方是否上色。
5 接著翻面再烤3分鐘。

擠花餅乾

擠花餅乾是很適合當下午茶、野餐的小點心，製作難度不高，新手也能不失敗完成喔！

材料 低筋麵粉80g、玉米粉25g、鹽1g、奶油（室溫放軟）50g、糖5g

作法

1 將奶油先用電動打蛋器打發至軟順（約1～2分鐘）後，放入糖攪拌均勻。

2 使用電動打蛋器將步驟1攪打約5～7分鐘（呈淡色）。

3 將低筋麵粉、玉米粉過篩至步驟2中，攪拌至見不到粉類，呈麵糊狀態即可。

4 攪拌好的麵糊放入擠花袋中，擠至烤盤上。

5 烤箱預熱170度，烤15分鐘後，放涼即可。

鮮奶餅乾條

鮮奶中的鈣質易於被人體吸收，能增強牙齒及骨質密度，堪稱是補充鈣質的最佳食物來源。

材料 無鹽奶油25g、糖10g、鮮奶60g、低筋麵粉80g

作法

1 奶油放室溫軟化後，拌入糖、鮮奶攪拌均勻。

2 將低筋麵粉過篩後，加入步驟1拌勻，放入擠花袋，擠成長條型。

3 烤箱預熱150度，烤10分鐘後即可出爐。

鮮奶餅乾條

增強
體力

經典格子鬆餅

鬆餅的製作法有很多種，這裡運用了格子鬆餅機，將麵糊放入就能製作出經典的格子鬆餅喔！

材料 低筋麵粉200g、奶油70g、糖10g、鹽1g、酵母粉1.5g

作法
1 將所有食材攪拌均勻，放入冰箱冷藏40分鐘。
2 取出後，抓取約30g麵糊，倒入鬆餅機中。
3 正反面烤2分鐘後，取出放涼即可。

平底鍋版鬆餅 增強體力

　　鬆餅可以使用平底鍋或鬆餅機來製作，若是用平底鍋製作，調勻好麵糊後，倒入平底鍋中兩面煎熟即可。

材料 低筋麵粉90g、雞蛋1顆、細砂糖5g、鮮奶110g、無鹽奶油10g、酵母粉1g

作法
1. 將奶油隔水加熱溶解後，放入攪拌盆裡，依序與糖、蛋、鮮奶、酵母粉攪拌均勻。
2. 加入過篩的麵粉攪拌成麵糊，靜置30分鐘。
3. 取平底鍋熱鍋後轉最小火，用大湯匙舀一匙麵糊放入平底鍋中，用湯匙微畫圓。
4. 煎至下方凝固即可翻面，翻面後可以輕輕按壓鬆餅邊緣，讓其厚度均勻。
5. 煎1～2分鐘後可用竹籤刺一下，若是沒有沾黏即是煎熟可起鍋了。

芋泥鬆餅捲 幫助消化

　　芋頭含有豐富的蛋白質、膳食纖維，容易產生飽足感，甚至有幫助消化、改善便祕的功效。

材料 低筋麵粉90g、雞蛋1顆、細砂糖5g、鮮奶110g、無鹽奶油10g、酵母粉1g、芋頭100g、蜂蜜1小匙

作法
1. 將奶油隔水加熱溶解後，放入攪拌盆，與糖、蛋、鮮奶、酵母粉攪拌均勻。
2. 步驟1加入過篩的麵粉拌成麵糊，靜置30分鐘。
3. 將芋頭放入電鍋蒸熟，蒸熟後拌入蜂蜜，並壓碎成泥，再拌入步驟2攪拌均勻。
4. 取平底鍋熱鍋後轉最小火，用大湯匙舀一匙麵糊放入平底鍋中，用湯匙微畫圓。
5. 煎至下方凝固，上面的麵糊還未凝結的狀態，在中間鋪上一條芋泥並將鬆餅對折，再煎至全熟即可。

紅蘿蔔杯子蛋糕 幫助消化

　　一般孩子不喜歡吃紅蘿蔔，將其發揮巧思做成杯子蛋糕餡料，就能讓孩子不知不覺吃到紅蘿蔔的營養喔！

材料 雞蛋3顆、低筋麵粉90g、細砂糖10g、紅蘿蔔汁70ml、紅蘿蔔泥20g

作法
1. 蛋白與蛋黃分開，蛋黃與紅蘿蔔汁、紅蘿蔔泥、低筋麵粉打成蛋黃糊。
2. 蛋白跟糖打發成蛋白糊，再以刮刀分批混入蛋黃糊裡攪拌均勻。
3. 將麵糊倒入杯模至8分滿，烤箱預熱170度10分鐘，約烤40分鐘後即可。

富含
蛋白質

可愛雞蛋糕

雞蛋糕麵糊是使用奶油來製作，
也可發揮巧思加入不同口味的食材
攪打成餡料，就能變身不同口味的
雞蛋糕。

材料　雞蛋1個、糖15g、低筋麵粉30g、
玉米粉5g、奶油10g

作法
1. 用電動打蛋器將雞蛋和糖打發，至白
   色蛋糊濃稠（約4～5分鐘）。
2. 篩入麵粉、玉米粉，並放入奶油攪拌
   均勻。
3. 將步驟2放入可愛蛋模裡，烤12～15
   分鐘。
4. 烤箱跳關時，讓蛋糕在裡面慢慢降
   溫，約20分後再取出。

芝麻蛋捲

市售蛋捲熱量高、較不營養，其實自製蛋捲簡單容易，一起來試看看吧！

材料 奶油40g、糖20g、雞蛋1個、低筋麵粉40g、芝蔴1小匙

作法
1. 奶油放室溫，與糖一起拌勻後，再加入雞蛋拌勻。
2. 篩入低筋麵粉，用刮刀拌勻，靜止20分鐘後拌入芝麻。
3. 用平底鍋將一匙麵糊放入，中間用湯匙抹平、抹薄。
4. 開小火煎約30秒，接著用筷子把蛋皮捲起，放涼即可。

富含
蛋白質

鮮奶米布丁

只要運用簡單的材料，就能自
製米布丁喔！將所有材料攪拌均
勻，放入布丁杯冷藏即完成！

材料 白飯100g、熱鮮奶60g、糖10g

作法
1 用果汁機或調理機，將所有食材攪拌
均勻。
2 分裝進布丁杯內，再放入冰箱冷藏20
分鐘。

Tips 上面可以放少許水果搭配使用。

蜜檸優格布丁

蜂蜜與檸檬搭配出的酸甜口感,更增添布丁的美妙滋味,利用簡單材料,就能做出富含營養價值的點心!

材料 雞蛋1顆、優格80g、檸檬汁10cc、蜂蜜1小匙(約5～10g)

作法
1 雞蛋、優格、檸檬汁放入鋼盆內攪拌均勻,並用細網過篩3次,讓泡泡消失。
2 將蛋液倒入烤盅,並將烤盤倒入熱水,全部進烤箱烤30分。
3 出爐後,淋上些許蜂蜜即完成。

富含
鐵質

火龍果果凍

　　火龍果富含非常多的營養，例如鐵、花青素、維生素C、膳食纖維等，對增強人體健康有相當大的功效。

材料 吉利丁片2片、火龍果汁少許、火龍果丁少許、檸檬汁5cc、糖g

作法
1 將吉利丁片先用冷開水泡軟。
2 將火龍果汁與糖、檸檬汁、步驟1混合至完全溶解。
3 倒入杯模內，再放入冰箱冷藏即可。
4 食用前可加入火龍果丁，平舖於杯上。

富含
鈣質

可口小泡芙

孩子最愛的零食小泡芙，也可以自製，只要將孩子喜愛的餡料灌入即可。

材料 無鹽奶油（切小塊）20g、鮮奶50g、低筋麵粉30g、雞蛋1顆

作法

1. 將無鹽奶油、鮮奶以小火煮至奶油全融解。
2. 麵粉過篩加入步驟1攪拌均勻後，再放回爐上加熱，並拌成麵糊。
3. 移至攪拌盆內，再加入打散的蛋液拌勻，攪打至麵糊提起會緩緩滑落狀態，再裝入擠花袋內。
4. 將烤盤舖上烘焙紙，擠出圓形麵糊，放入預熱200度烤箱中，烤25分鐘左右即可。

Tips 小泡芙可以直接食用，也可以加入卡士達醬等來食用。

紅豆雪花糕

預防
便祕

紅豆富含鐵質、膳食纖維，有補血作用、潤腸通便的功效，預防心血管疾病的效果也很好。

材料　紅豆泥50g、鮮奶500cc、玉米粉70g、糖10g

作法
1 將250cc鮮奶與玉米粉拌勻。
2 另外的250cc鮮奶則與糖拌勻，用小火拌煮至糖溶解。
3 將步驟1拌入步驟2中，並加入紅豆泥，一起煮至黏稠（需邊煮邊攪拌）。
4 裝入容器中，放入冰箱冷藏40分鐘後，再倒出切小塊即可。

Tips　紅豆泥作法：將40g紅豆加水浸泡一個晚上後，用電鍋蒸熟再攪打成泥（或用攪拌棒，加一點點水打成泥備用即可）。

吐司布丁杯

吐司可以選擇自製的或買現成的，全麥吐司的營養價值又比白吐司高，想要吃進營養建議可選擇全麥吐司唷！

材料 吐司2片（切丁）、雞蛋2顆、
鮮奶200cc、糖10cc、奶油5g

作法
1 將布丁杯下方抹上薄薄奶油，再放入切丁的吐司塊少許。
2 將鮮奶以小火煮至微溫狀態，放旁備用。
3 雞蛋、糖放入攪拌盆拌均，再把微溫的鮮奶倒入成蛋液。
4 蛋液過篩3次後，倒入布丁杯放旁備用。烤箱先預熱180度。
5 烤盤上倒入熱水，放入布丁杯，放進烤箱烤20分鐘即可。

提升記憶力

酥烤蘋果捲

蘋果好處多多，因為其營養豐富，能提升免疫力、增強記憶力，甚至有「果中之王」、「記憶之果」的稱號呢！

材料 蘋果半顆、糖10g、大片餛飩皮6片、蓮藕粉10g、檸檬汁10cc

作法
1. 蘋果洗淨去皮、去芯、去蒂，切成迷你丁。
2. 奶油放入炒鍋中融化，再放入蘋果丁、糖拌抄約8分鐘。
3. 將檸檬汁混入蓮藕粉拌均，倒入步驟2續炒15分至蘋果丁軟化至濃稠成餡料。
4. 將餛飩皮攤開，中間放入餡料後，由底部向上捲成春捲狀。
5. 捲好的春捲放入烘焙紙上，封口處朝下。
6. 將烤箱預熱180度，烤12分鐘後，再翻面續烤5分鐘上色即可。

芝麻核果餅乾

核果類雖然是脂肪含量高的食
材，但富含維生素E、礦物質、膳
食纖維，對人體有很好的營養功效。

材料　低筋麵粉200g、蛋黃2顆、糖30g、
　　　無鹽奶油70g、核果20g（切碎）、
　　　白芝麻粒適量

作法
1. 奶油放室溫放軟後，與糖一起攪拌至
　顏色變軟蓬鬆後，加入蛋黃一起攪
　拌，攪拌至無顆粒狀。
2. 拌入過篩的麵粉攪拌，再混入切碎的
　核果粒，再放入工作台捲成圓柱體。
3. 用保鮮膜包起冷藏1個小時後，取出
　放置15分鐘。
4. 將保鮮膜撕開後，將餅乾切片，每片
　灑上白芝麻，稍壓至麵團中。
5. 烤箱預熱180度，烤15～20鐘即
　可。

麵包饅頭類

麵包饅頭在製作時，會比其他的野餐輕食點心較費時，因為需等待麵團發酵，不過透過自己的雙手慢慢捏塑、等待發酵，再送進烤箱烘烤的過程，會非常有成就感喔！第一次做麵包烘焙的讀者，可以先從前面單元的餅乾、鬆餅食譜來累積實作與自信心，準備好後就可以開始進行此單元的麵包饅頭，相信便能成功做出大人小孩都愛吃的營養點心囉！

牛角麵包

富含
蛋白質

牛角麵包是大人、小孩都很喜歡的點心，比較困難的地方在於整形的部分，不過只要多練習幾次，就能做出形狀漂亮的牛角囉！

材料 奶油60g、糖40g、雞蛋2顆（1顆打散成蛋液備用）、即發酵母15g、中筋麵粉350g、鹽5g

作法
1. 將奶油隔水加熱至溶化，與1顆雞蛋攪拌均勻。
2. 篩入麵粉、糖、鹽、即發酵母，揉成光滑麵團，蓋上溼布發酵至2倍大。
3. 發酵好的麵團，分成10等分，揉成水滴狀。
4. 桿平後將較長的一方從中切開一些，向2邊折起後再向前捲起。
5. 牛角麵包抹上蛋液後再噴少許冷水，烤箱預熱170度，烤約15分鐘即可。

富含
蛋白質

鬆軟奶油捲

　　奶油捲是麵包裡很常見的點心，
這裡運用了鮮奶、雞蛋、奶油來製
作，這些都是富含蛋白質的食材喔！

材料　高筋麵粉200g、砂糖15g、
無鹽奶油20g、鮮奶80g、雞蛋2顆
（1顆打散成蛋液備用）、鹽0.5g、
酵母粉2g、有鹽奶油8g（切8塊）

作法

1　無鹽奶油切小塊放室溫，而有鹽奶油
切成8小塊，繼續放冰箱冷藏。

2　高筋麵粉、糖、鮮奶、雞蛋、鹽、酵
母粉全部放入攪拌，揉成不黏手麵團
後，加入無鹽奶油，混合均勻。

3　將麵團放入大鍋內蓋上保鮮膜，放入
冰箱冰至少8個小時以上。

4　取出後，分切成小麵團（約6～7個）
後，蓋上棉布靜置15分鐘。

5　將6～7個麵團分別折成水滴狀，麵團
桿成約30公分的長度後，將有鹽奶油
放至最上端。

6　由上往下慢慢捲起，收口朝下壓著，
放入烤箱裡，將麵團灑點水，進行第2
次發酵約50分鐘。

7　將烤盤取出後，預熱170度，先將麵包
塗上一層全蛋液並放進烤箱。

8　170度烤約23分鐘，烤至表面金黃即
可。

玫瑰花饅頭

玫瑰花饅頭是南瓜饅頭的變化版,主要是在捲起時對切,就有花瓣形狀的效果。讀者們也可以加入紅色的食材(例如火龍果泥)來製作,讓其顏色看起來更像玫瑰花唷!

 材料 南瓜泥80g、中筋麵粉130g、酵母2g、酪梨油5g、水20g

作法
1. 將水加入酵母先行溶解後,放入麵粉、南瓜泥、油、糖,揉至光澤不黏手麵團。
2. 放到容器發酵成2倍大(約1小時)。
3. 桌上撒上少許麵粉,桿平麵團再折成3折,重覆此步驟約4次。
4. 繼續桿成大長方形後,從下往上捲起,每片切約1.5公分。
5. 將每片桿平成圓形,取5片麵團重疊在1/2處,接縫處可以用少許水固定。
6. 由上而下捲起,從中間對切一半,切口朝下,便可整形成花瓣形狀。
7. 放入蒸籠進行發酵30分後,再蒸20分即可。

蜂蜜饅頭

蜂蜜的營養成分非常多,具有提高免疫力、消除疲勞、整腸健胃的功效,對人體非常有益。

 材料 低筋麵粉30g、中筋麵粉130g、酵母3g、鮮奶60g、蜂蜜20g

作法
1. 將所有材料混合揉成不黏手麵團,放到容器發酵成2倍大(約1小時)。
2. 桌上撒上少許麵粉,桿平麵團再折成3折,重覆此步驟約4次。
3. 繼續桿成大長方形後,從下往上捲起,並切成適合的大小。
4. 放入蒸籠或電鍋進行發酵30分鐘,繼續再蒸20分鐘即可(上蓋可打開一些縫)。

免油炸甜甜圈

免油炸版的甜甜圈麵包,加入了馬鈴薯泥來製作,比市售的油炸甜甜圈更營養又健康喔!

材料 高筋麵粉140g、低筋麵粉60g、鮮奶60g、雞蛋1顆、馬鈴薯泥60g、酵母粉3g、糖15g、無鹽奶油20g、鹽3g

作法
1. 將鮮奶、雞蛋、糖、鹽、馬鈴薯放入鋼盆內攪拌均勻。
2. 再加入高筋麵粉、低筋麵粉、酵母粉加入攪拌成麵團。
3. 放入已室溫放軟的無鹽奶油,揉至奶油完全混入成光滑麵團。
4. 蓋上保鮮膜後,靜置40～50分鐘,發酵至2倍大。
5. 完成發酵後,略壓麵團將空氣排出,分切成10等分後滾圓,蓋上保鮮膜靜置10分鐘。
6. 塑形成想要的甜甜圈形狀(可桿平或中間挖洞,也可以將麵團拉長,繞圓兩個相交固定)。
7. 進行第2次發酵(約20～30分),最後將烤箱預熱160度,烤13～15分即可。

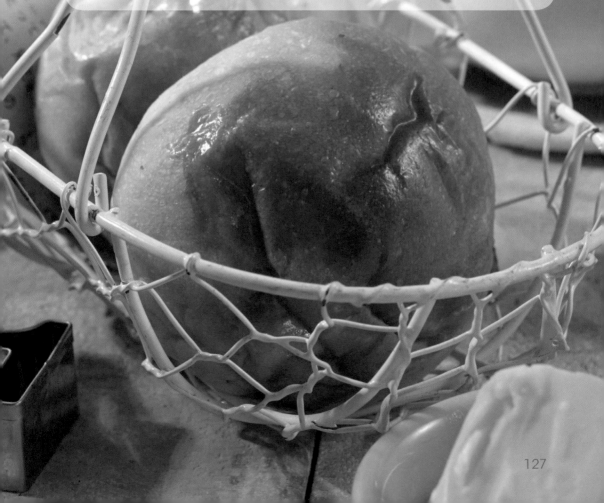

南瓜小餐包

促進排
便順暢

南瓜是很營養的食材，含有豐富的蛋白質、鋅、鐵、維生素 A，抗癌功效佳，還能促進排便順暢。

材料　無鹽奶油10g、砂糖10g、
高筋麵粉120g、鮮奶30g、
南瓜泥50g、鹽0.5g、酵母粉1.5g、
雞蛋2顆（1顆打散成蛋液備用）

作法

1. 奶油隔水加熱溶解，放旁備用。
2. 將雞蛋、鮮奶、溶解的奶油慢慢加入攪拌均勻。
3. 繼續加入麵粉類、鹽、酵母粉、糖拌勻，攪拌到看不到顆粒。
4. 將麵團放入鍋內，蓋上保鮮膜後放入冰箱冰至少8小時以上（發酵成2倍大）。
5. 取出後，將空氣拍出，分切成小麵團（約6～7個），再將麵團搓成圓形餐包。
6. 將餐包蓋上溼布靜置20分。
7. 將小麵團塑形成圓球狀，接合處朝下，放入烤箱繼續發酵（約50～60分）。
8. 刷上全蛋液，將烤箱預熱170度，烤15分即可。

127

維持腸
道健康

養樂多小餐包

　　幾乎每個小孩都很愛喝養樂多，因此我也發揮巧思將養樂多加入麵團裡，就能製作出小孩喜愛的養樂多小餐包唷！

材料 無鹽奶油10g、高筋麵粉120g、養樂多2瓶、鹽0.5g、酵母粉1.5g、雞蛋2顆（1顆打散成蛋液備用）

作法

1. 奶油隔水加熱溶解後，將雞蛋、養樂多、溶解奶油慢慢加入攪拌均勻。
2. 繼續加入麵粉、鹽、酵母粉拌勻，攪拌到看不到顆粒。
3. 將麵團放入鍋內蓋上保鮮膜後，放入冰箱冰至少8小時以上（發酵成2倍大）。
4. 取出後將空氣拍出，分切成小麵團（約6～7個），再將麵團搓成圓形。
5. 將餐包蓋上溼布後靜置20分後，將小麵團塑形成圓球狀，接合處朝下。
6. 放入烤箱做第2次發酵（50～60分）後，刷上全蛋液，將烤箱預熱170度，烤15分即可。

富含 鈣質

起司饅頭

　　起司含有優質蛋白質、鈣質與維生素B2，有預防骨質疏鬆症、整腸健胃的功效。

材料 中筋麵粉250g、糖10g、酵母4g、鮮奶150g、起司片3片

Tips 饅頭揉好後，可以放在烘焙紙上，避免蒸煮時沾黏在盤子上。

作法

1. 將麵粉、糖、牛奶、酵母、起司片、全部攪拌揉成不黏手麵團。
2. 把麵團放入攪拌盆中，用保鮮膜蓋起，靜置10分鐘。
3. 取出後，桿成長方形，翻面後邊用手指微壓，收尾捲起。
4. 切成想要的大小後，放旁備用。
5. 先將電鍋用半杯水煮沸後，待跳起保溫，將切好的饅頭放進保溫40分鐘發酵。
6. 用1.5杯水放入電鍋外鍋，將饅頭蒸15分鐘，電鍋跳起後打開一點點鍋蓋，再悶3分鐘即可。

起司饅頭

PART ④
輕爽輕食類，
少油健康零負擔

沙拉、肉餅、肉丸、飲料通通自己做，
教你善用小心機巧妙融入各式營養食材，
讓挑食的孩子也不知不覺吃進營養，
每一口都美味又健康！

Let's Picnic!

沙拉涼拌類

適合野餐的日子，大多都是豔陽高照的好天氣，這個時候就非常適合帶沙拉涼拌類的料理野餐，炎熱的夏天吃著清爽的料理，非常愜意喔！

優格醬

優格醬很適合搭配水果沙拉、蘋果嫩雞薯泥來食用，吃起來清爽又有酸酸甜甜的口感，孩子也很喜歡喔！

材料 原味優格1盒、
柳橙1顆、蘋果汁5cc

作法 1 將柳橙對切，榨汁後先放旁備用。
2 將優格、柳橙汁、蘋果汁混合後，蓋上保鮮膜放旁備用即可。

油醋醬

油醋醬很適合運用在有肉類的沙拉上，例如檸檬烤雞沙拉、雞胸肉絲沙拉等。

材料 橄欖油4cc、葡萄醋20cc、
檸檬半顆、蜂蜜5cc

作法 1 將檸檬洗淨榨汁。
2 橄欖油、葡萄醋、蜂蜜以及檸檬汁混合攪拌均勻，冷藏備用即可。

增強
記憶力

馬鈴薯蛋沙拉

馬鈴薯富含蛋白質、維生素B群，除了有增強體力的功用，還有提高記憶力、讓思維清晰的作用喔！

材料 酪梨油少許、馬鈴薯1顆、雞蛋2顆、紅蘿蔔半條

作法
1 紅蘿蔔、馬鈴薯去皮蒸熟切丁，並同時將雞蛋蒸熟或煮熟。
2 將蒸熟的紅蘿蔔、馬鈴薯、水煮蛋壓碎（或打成泥）。
3 最後加入少許酪梨油攪拌均勻，放涼冷藏即可。

Tips 要食用時再拿出來挖取即可，還可以應用在三明治、壽司上。

提高
免疫力

涼拌雞絲

雞胸肉、小黃瓜都是很營養
的食材,而小黃瓜還含有 β-胡蘿
蔔素,有增強免疫力的功效喔!

材料 雞胸肉1小塊、葡萄醋10cc、
香油2cc、小黃瓜半條(刨絲)

作法 1 將雞胸肉抹鹽,靜置10分鐘
後蒸熟剝絲、小黃瓜絲燙熟。
2 雞胸肉先與香油拌勻,再加入
小黃瓜絲,並倒入葡萄醋攪拌
均勻。
3 將拌好的雞絲放入冰箱,至少
冷藏1個小時後再取出食用。

鈣含
量高

涼拌海帶芽

海帶芽的營養成分與海帶相
似,還有鈣含量高、膳食纖維高
的特色喔!

材料 乾海帶芽1杯、洋蔥1/4顆、
蜂蜜2cc、葡萄醋4cc、鹽1g

作法 1 將洋蔥切細絲,用熱水燙熟
後撈起。
2 將泡好的海帶芽,燙熟後再
過冷水。
3 海帶芽、洋蔥混合後,與蜂
蜜、葡萄醋、鹽拌勻即可。

營養豐富

優格水果沙拉

水果沙拉的作法很簡單，將水果切丁再淋上優格醬就完成，簡單美味又營養喔！

材料　香瓜少許、芭樂少許、番茄少許、蘋果少許、原味優格50g、檸檬汁10cc、蜂蜜少許

作法
1 將優格、檸檬汁、蜂蜜拌勻，蓋上保鮮膜冷藏備用。
2 芭樂、番茄、蘋果、香瓜都去皮切小丁，放旁備用。
3 食用時再淋上優格醬即可。

促進
消化

山藥洋芋沙拉

山藥是高蛋白質又低脂的健康
食材，有提高人體消化力、強健體
力的功效。

••••••••••••••••••••••••••

材料 山藥1小節、馬鈴薯1顆、紅蘿蔔半顆、
酪梨油少許

作法

1. 馬鈴薯切碎、紅蘿蔔切丁、山藥去皮切丁。
2. 將步驟1蒸熟後，馬鈴薯、山藥壓成泥（若孩子年齡較大，山藥可以直接生吃）。
3. 將紅蘿蔔丁拌入步驟2，倒入酪梨油攪拌均勻。
4. 最後倒入少許油醋醬即可。

涼拌秋葵

增強
抵抗力

秋葵富含膳食纖維、維生素 A、
β-胡蘿蔔素，有幫助消化、增強身
體抵抗力的功效。

材料 柳丁1顆、秋葵5條、鹹蛋1顆、
葡萄醋2cc

作法
1　將秋葵燙熱過冷水去頭尾切丁、柳橙
去皮去籽切丁、鹹蛋去殼切丁備用。
2　柳丁、秋葵、蛋混合攪拌後，倒入葡
萄醋攪拌均勻。
3　放入冰箱冷藏至少30分鐘，再取出食
用。

增強抵抗力

鮮蝦沙拉杯

蝦子是高蛋白質、低脂肪的食材，而且含有豐富的維生素營養，對人體健康有良好的功效。

材料 鮮蝦2隻、柳橙半顆、洋蔥絲少許、葡萄醋3cc、蜂蜜2cc

作法
1. 鮮蝦去腸泥、燙熟去殼，其中1隻切丁，另1隻保留完整。
2. 將洋蔥燙熟（若孩子年齡較大，可以略過此步驟）。
3. 柳橙去皮切丁，與葡萄醋、蜂蜜混合成醬汁。
4. 取沙拉杯將柳橙跟鮮蝦丁混合，最後放上洋蔥絲以及完整的蝦隻。
5. 放入冰箱冷藏40分鐘後，取出淋上醬汁即可。

Tips 醬汁也可以食用前再淋上。

促進生
長發育

南瓜雞蛋沙拉

南瓜具有豐富的營養，且富含
維生素 A、維生素 E、β-胡蘿蔔素，
更是優質的防癌食物喔！

材料　酪梨油少許、南瓜1顆、雞蛋2顆、
小黃瓜半條

作法
1. 將小黃瓜切丁燙熟、南瓜去皮蒸熟壓
成泥。
2. 將雞蛋蒸熟成水煮蛋，並將蛋白切
丁、蛋黃壓成泥。
3. 將南瓜泥、小黃瓜丁、蛋黃泥、蛋白
丁混合，再加入少許酪梨油，攪拌均
勻即可食用。

增強
記憶力
蘋果嫩雞薯泥

蘋果富含的鋅能促進生長發育，
還具有提高人體免疫力、增進記憶
與提高智力的功效喔！

材料 蘋果半顆、雞胸肉1小塊、
馬鈴薯半顆、紅蘿蔔1小塊、酪梨油2cc

作法
1 雞胸肉用少許蒜味橄欖油，乾煎至全
熟後，再撕成雞絲備用。
2 蘋果去皮泡鹽水2秒並切丁、紅蘿蔔
切丁備用。
3 馬鈴薯去皮蒸熟，壓成泥再拌入紅蘿
蔔、酪梨油。
4 蘋果丁放入沙拉杯底，再依序放入薯
泥、雞胸肉絲即可。

Tips 可以搭配優格醬食用，口味清爽帶甜更美味。

富含維
生素 C

檸檬烤雞沙拉

檸檬富含膳食纖維、維生素 C、維生素 E 等多種營養，除了能強化記憶力，還能提高人體對鈣質的吸收喔！

材料 檸檬1顆、蜂蜜1小匙、
薄鹽醬油20cc、番茄3顆、
小黃瓜半根、紅蘿蔔1小段、
海帶芽少許、雞胸肉1小塊

Tips 可以搭配油醋醬食用。

作法
1. 檸檬對切，半顆切片、半顆榨汁。
2. 將檸檬汁、蜂蜜、薄鹽醬油混合均勻備用。
3. 取樂扣密封罐，將檸檬片鋪底，放上雞胸肉後再將醬汁淋上，蓋上蓋子冷藏一天。
4. 將雞胸肉取出，以上下火180度，烤15～20分至全熟後，將雞肉撕成絲。
5. 小黃瓜、紅蘿蔔切成絲，與泡過水的海帶芽用熱水燙熟。
6. 取沙拉杯，將紅蘿蔔絲、小黃瓜絲以及海帶芽，層層堆疊放上，最後鋪上烤雞絲即可。

肉餅肉丸類

　　肉餅肉丸的作法其實很簡單，準備好餡料後再壓塑成圓餅狀，放入平底鍋煎熟即可食用！第一次做這道料理的媽咪們別緊張，跟著我的步驟就可以做出零失敗、好吃的野餐點心囉！

提高免疫力
蔬菜豆腐肉餅

　　孩子不喜歡吃蔬菜的話，將其混入肉餅餡料內，再煎出可口美味的肉餅，便能讓孩子不知不覺吃進蔬菜的營養喔！

材料 青花菜2朵（去根）、豆腐1/4塊、豬絞肉40g、玉米粒20g、玉米粉10g、醬油2cc、酪梨油少許

作法
1. 將豬絞肉先用醬油醃漬，抓捏10分鐘出筋性（孩子太小的話則可以不加醬油）。
2. 玉米粒、青花菜、豆腐跟豬絞肉一同放進切碎盒，切碎攪拌，最後倒入玉米粉攪拌均勻。
3. 抓1小球（約手掌中間大小），塑壓成圓餅狀後備用。
4. 取鍋熱鍋後倒入些許酪梨油，煎成雙面微金黃即可。

富含膳
食纖維

番茄牛肉丸

　　自製的牛肉丸可以使用平底鍋
煎，或用水煮來煮熟，兩種的口感
雖不太相同，但都一樣美味唷！

材料　牛番茄半顆、半瘦半肥的牛絞肉
　　　100g、鹽3g、洋蔥1/4顆

作法
1. 將牛番茄去皮切丁備用、洋蔥切丁備
用（建議用切碎盒會更細碎些）。
2. 牛絞肉混入鹽後，抓出黏性後再揉成
圓球狀。
3. 將圓球狀的牛絞肉，用力摔至桌面約
10下，最後將絞肉與牛番茄、洋蔥等
攪拌均勻。
4. 煮一鍋水，利用湯匙跟大姆指、十指
的力道做成一顆顆肉丸，再放進水裡
煮滾後撈起。

Tips　步驟4也可以取平底鍋熱油後，乾煎至熟。

橙香雞肉捲

富含
蛋白質

將雞腿肉與柳橙汁、枸杞醃漬後，包入鋁箔紙裡捲起，放入電鍋蒸熟，步驟簡單就能吃到美味呢！

材料 去骨雞腿肉1隻、柳橙1顆（切半榨汁）、枸杞1把、鹽少許

作法
1. 雞腿肉塗上鹽後，浸泡柳橙汁、枸杞，放入冰箱冷藏半天。
2. 取鋁箔紙攤開後，將雞腿肉皮在下、肉朝上舖好。
3. 將鋁箔紙連同雞腿肉全部捲起，兩邊像捲糖果一樣捲起。
4. 雞肉捲放入盤內再放入電鍋，外鍋放2杯水，按下待跳起即可。
5. 放涼後切段即可。

蔥油雞

富含
蛋白質

蔥油雞是很常見的美味料理，使用電鍋蒸熟後再倒入自製的蔥油醬，營養又美味！

材料 去骨大雞腿1隻、蔥花1把、薑絲少許、鹽少許

作法
1. 在雞肉抹上少許鹽，靜置1個小時。
2. 將雞肉放上盤子，再蓋上蓋子，讓水蒸氣無法進入。
3. 放入電鍋，外鍋用1杯半的水將雞肉蒸熟。
4. 蒸熟後的雞腿肉分切，並把油另外倒出。
5. 取小鍋，熱鍋後將雞湯雞油倒回鍋內，煮滾後將蔥放入後關火。
6. 將熱蔥油再倒入切好的雞肉上即可。

巴薩米亞醋（紐西蘭陳年葡萄醋）
適用於沙拉輕食，若將其與橄欖油
混合，就成為清爽的油醋醬！

富含膳
食纖維

南瓜雞肉餅

南瓜與雞肉丁混合成肉餅餡料，
再放入平底鍋煎熟，簡單步驟就能
吃到大人小孩都愛的美味料理！

材料 南瓜1/4顆、雞胸肉丁40g、
玉米粉20g、酪梨油少許

作法
1. 將南瓜先行蒸好去皮，壓泥備用。
2. 雞胸肉放入切碎盒切碎，再放入攪拌盆內。
3. 將南瓜、玉米粉倒入攪拌均勻後，抓1小球（約手掌大小），壓塑成圓餅狀後備用。
4. 取平底鍋熱鍋後，倒入些許酪梨油，煎成雙面微金黃即可。

香烤雞肉飯捲 增強體力

　　這道料理是發揮巧思，在雞肉捲裡塞入炒飯，再放入烤箱烘烤，就能吃到營養美味的飯捲囉！

材料 去骨雞腿肉1隻、炒飯半碗、醬油1小匙、
檸檬1顆（打成汁）、蒜頭2顆（切碎）

作法
1 將去骨雞腿肉用醬油、蒜頭、檸檬汁先醃漬1天。
2 取鋁箔紙攤開後，將雞腿肉皮在下、肉朝上，並在肉中間平舖上炒飯。
3 將鋁箔紙連同雞腿肉全部捲起，將兩邊像捲糖果一樣捲起。
4 雞肉捲放入烤盤上，烤箱180度預熱10分鐘後，烤20分，放涼後切段即可。

味噌蔬菜雞捲 營養豐富

　　這道料理可以自行加入喜歡的蔬菜，讓孩子吃進雞肉與各種蔬菜的營養，搭配少許的味噌提味，美味又好吃。

材料 去骨雞腿肉1隻、味噌少許、鹽少許、小黃瓜切細長條4～5條、
紅蘿蔔切細長條3～4條、蘆筍3～4條

作法
1 將雞腿肉塗上薄薄的一層味噌，放入冰箱冷藏半天。
2 取鋁箔紙攤開後，將雞腿肉皮在下、肉朝上，將小黃瓜、紅蘿蔔、蘆筍平舖上。
3 將鋁箔紙連同雞腿肉全部捲起，將兩邊像捲糖果一樣捲起。
4 雞肉捲放入盤內再放入電鍋，外鍋放2杯水，按下待跳起，放涼後切段即可。

富含
蛋白質

月亮蝦餅

月亮蝦餅是很常見的料理，而且作法很簡單唷！將餅皮夾入蝦仁泥，再放入平底鍋煎熟，輕輕鬆鬆就完成！

Tips 月亮蝦餅的餅皮，也可以用潤餅皮或本書P62教的手捲皮來取代。若買不到日本太白粉，也可以用地瓜粉、玉米粉來取代。

材料 蝦仁50g、日本太白粉5g、餅皮2張、鹽2g

作法
1 將蝦仁去腸泥放入切碎盒切碎，與日本太白粉混合備用。
2 取張餅皮，挖一勺蝦仁泥放入餅皮中間。
3 蓋上另一片餅皮，將餡料從中間往邊緣桿平。
4 取平底鍋熱鍋後，倒油放入蝦仁餅，煎至雙面金黃後夾起，再切成6等分即可。

牛肉雞蛋捲

這道料理是孩子很愛的點心,將牛肉包裹在蛋餅裡,煎熟後輕輕捲起再切半就完成囉!

材料 牛肉絲50g、洋蔥少許、雞蛋4顆、蒜味橄欖油少許

作法
1. 洋蔥去皮切丁,牛肉絲與洋蔥丁先用蒜味橄欖油炒香後盛起備用。
2. 4顆蛋均勻打散後,取平底鍋,熱鍋熱油後倒入蛋液。
3. 煎成約1.5公分厚度的蛋皮,表面蛋液尚未完全凝固的狀態。
4. 接著將步驟1的餡料放至蛋皮上方並輕輕捲起。
5. 將捲起的雞蛋捲放涼,對切即可。

風味雞肉捲

肉捲的作法其實都不難,將雞腿肉與金針菇一起包入鋁箔紙再捲起,放入電鍋蒸熟取出就完成囉!

材料 去骨雞腿肉排1片、金針菇1小把、鹽少許

作法
1. 雞腿肉排帶皮面抹上少許鹽後,靜置10分鐘。
2. 取一片鋁箔紙,將雞腿肉帶皮面朝下,放至鋁箔紙上。
3. 金針菇洗淨後放在雞腿肉的上方。
4. 將鋁箔紙跟雞腿肉慢慢捲起,兩端像糖果般捲起。
5. 將捲好的雞捲放入電鍋蒸20~30分鐘即可取出,放涼後再切段即可。

酪梨油是我烹調食物的好幫手。

豬肉捲青蔬

提高
免疫力

豬肉是富含維生素、礦物質的食材，不過脂肪也比其他肉類高，建議可以選瘦肉部位來食用喔！

材料 豬肉片4～5片、
小黃瓜切細長條4～5條、
紅蘿蔔切細長條4～5條、
蘆筍4～5條

作法 1 將小黃瓜、紅蘿蔔、蘆筍各取一條，放至豬肉片上，由下往上緊實捲起。
2 放入烤盤，烤箱預熱150度，微烤10分鐘。
3 取出後放涼切段即可。

牛肉捲青蔬

營養
豐富

蔬菜可以選擇喜愛的種類，只要將牛肉與蔬菜捲起，再放入烤箱烘烤，美味料理就完成囉！

材料 豬肉片4～5片、
四季豆10根（分切3等分）

作法 1 將四季豆取3條，放至牛肉片上方，由下往上緊實捲起。
2 放入烤盤，烤箱預熱150度，約烤10分鐘。
3 取出後放涼，切段即可食用。

蔬菜牛肉餅

預防
便祕

高麗菜是低熱量又營養的食材，含有豐富的膳食纖維，能幫助消化、預防便祕喔！

材料 高麗菜50g、牛絞肉100g、玉米粉20g

作法 1 將高麗菜洗淨，牛絞肉、高麗菜放入切碎盒切碎，放入攪拌盆內。
2 將玉米粉倒入攪拌均勻後，抓1小球（約手掌大小）塑壓成圓餅狀後備用。
3 取鍋熱鍋後倒入些許酪梨油，煎成雙面微金黃即可。

清爽飲品類

許多家長野餐時，會購買現成的汽水飲料給孩子飲用，但我在野餐時也希望能給孩子健康低糖或無糖的飲品，因此也是秉持自製健康的原則，其實這些飲品製作的步驟簡單又容易，大人小孩都可以喝喔！不要再購買市售的高糖飲料了，跟我一起來自製健康飲品吧！

如果覺得自製飲品很麻煩，其實市售也有「南非國寶茶」、「南非蜜樹茶」，它們的特色是無咖啡因、低單寧酸，溫和不刺激的口感，不僅小孩可以飲用，就連孕婦或哺乳中的媽咪也可以飲用喔！

▶ 低單寧酸的特色，讓「南非國寶茶」、「南非蜜樹茶」不會越泡越苦，只要野餐出門前先放一個茶包到玻璃罐沖泡後，直接帶玻璃罐去野餐即可飲用囉！

Wildcape野角／有機南非博士綠蜜樹茶

促進消化

柳橙優格飲

　　這道健康飲品的製作方式簡單，不過市售的優格都普遍偏甜，所以也可以自行製作喔！自製優格只要準備全脂鮮奶1000cc、原味優酪乳1小瓶、有蓋玻璃容器即可。

自製優格

　　讓玻璃容器加熱消毒後，倒入整罐的優酪乳再倒入鮮奶攪拌均勻，放入電鍋按下保溫靜置約6小時（不需加水），當呈現固態狀即可，最後放入冰箱冷藏就完成囉！

材料　柳橙3顆、檸檬半顆、優格90g

作法
1 柳橙去皮榨汁、檸檬榨汁放旁備用。
2 柳橙汁、檸檬汁倒入果汁機裡。
3 最後將優格倒入混合打汁即可。

鳳梨冰茶

　　鳳梨富含維生素C，其含有的維生素B1還具有消除疲勞、增進食慾的功效喔！

材料 鳳梨1顆（取皮跟1/4果肉）、檸檬汁適量、水1500cc

作法
1. 鳳梨用牙刷將外皮全洗乾淨，並用流動水沖15分，將皮削除保留。
2. 取鳳梨心（切細長一根跟大塊）、1/4鳳梨肉（切丁）。
3. 將皮以及鳳梨芯放入電鍋內鍋中，水放7分滿，外鍋水加3杯。
4. 待電鍋跳起後放涼，將鳳梨芯及皮撈起並過濾後，再放入果肉即可分裝。

電鍋版 黑糖冬瓜茶

　　營養美味的黑糖冬瓜茶，用電鍋做就能完成！將全部食材放入電鍋煮滾，步驟簡單就能喝到健康飲品！

材料 有機冬瓜600g、黑糖60g、冰糖20g、水1300cc

作法
1. 冬瓜洗淨連籽跟皮切小塊放入電鍋，外鍋3杯水煮滾。
2. 倒入糖並攪拌均勻後，電鍋再放半杯水煮滾。
3. 將冬瓜皮跟籽全部撈起濾除即可。

增強
體力 **冰糖桂圓紅棗茶**

建議製作時，紅棗、桂圓可以挑選有機的產品，這樣在飲用時能更健康與放心喔！

材料 桂圓乾30g、紅棗去籽10g、冰糖20g、水700cc

作法 1 紅棗洗淨去籽，放旁備用。
2 將所有食材放入電鍋中，外鍋倒3杯水煮滾即可。

提高
免疫力 **紅棗黑木耳露**

黑木耳是熱量低又富含膳食纖維的食材，不僅能幫助排便，又有提升免疫力的功效喔！

材料 黑木耳40g、紅棗去籽4顆、枸杞1小把、水1000cc、黑糖20g

作法 1 黑木耳、紅棗、枸杞洗淨後備用。
2 木耳與紅棗先行放人果汁機，加入少許水打成泥。
3 將步驟2倒入鍋中加入剩餘的水，煮成微帶稠狀。
4 放入糖和枸杞，煮滾後即可分裝使用。

FREE
立即下載優惠卷
www.wildcape.tw/coupon

FREE
立即下載優惠卷
www.gowild.tw/coupon

Go Wild 親子野餐墊

可機洗　　防潑水　　親膚性　　加大型

完美野餐就是...
帶著親愛的家人
與一塊舒服的野餐墊
一起擁抱大自然！

野餐好日子
打造幸福派對小食光

お子様の喜ぶお弁当作りに！

日本 Arnest 親子創意料理

美好野餐，少了點心怎麼行？

　　綠意包圍、流動空氣中，味蕾敏感度也跟著氛圍轉換，這時候最適合來點清爽不膩口的輕食餐點。不想滿手油膩，就從飯糰和三明治動腦筋吧！

　　容易上手＋具飽足感＋材料多變＋視覺美感，是野餐點心的不二首選。日本Arnest創意料理模具，讓零廚藝的你，也能輕鬆變身野餐達人。

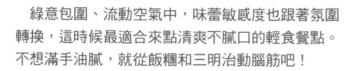

平凡吐司裝可愛　市面上常見的造型吐司模，品質參差不齊，要買就買Arnest，好壓切不刮手，品質有保障。包甜包鹹隨興做，夾餡三明治稍微烤過，口感脆脆的更好吃喔！

推薦商品 サンドイッチ ....

熊貓三明治模型

可愛吐司切模組

立體動物吐司模型

笑臉迎人動物飯糰

你家也有外貌協會一族的小朋友嗎？普通白飯做成貓咪兔子企鵝造型，立刻眼睛一亮，食慾大開！飯糰模型附手柄，飯粒不沾手，捏出來的形狀完整漂亮，以海苔表情圖案點綴，搭配新鮮蔬果襯底，非常適合當作野餐點心或兒童便當，不輸給親子餐廳的料理喔！

推薦商品 おにぎり型

可愛貓咪飯糰模型

可愛咪咪兔飯糰模型

可愛熊貓頭飯糰模型

企鵝寶寶飯糰模型

汪星人飯糰模型

海豚飯糰模型

同場加映實用道具

醬料寫字、妝點表情，不用不會怎樣，用了很不一樣，讓便當點心更加分的小秘技，推薦給進階班創意達人。

便當手寫繪圖筆

表情海苔按壓器(可愛版)

✚生活PLUS
LAVIDA
育兒好好玩!!
www.LAVIDA.com.tw

日本亞諾斯特台灣分公司
http://www.arnestoverseas.com/
FB搜尋：Arnest Taiwan

Orange Taste 10

手作營養+ 親子常備料理

PARENTAL SNACKS

· 120道壽司飯捲 ·
· 三 明 治 點 心 ·
· 輕 食 特 餐 ·

天天都是野餐好日子

作者：小潔

出版發行

橙實文化有限公司 CHENG SHIH Publishing Co., Ltd
客服專線／（03）381-1618

| 總編輯 | 于筱芬 | CAROL YU, Editor-in-Chief |
| 副總編輯 | 吳瓊寧 | JOY WU, Deputy Editor-in-Chief |

排版	林雯瑛
封面設計	亞樂設計
攝影	陳立偉
製版／印刷／裝訂	皇甫彩藝印刷股份有限公司
贊助廠商	

編輯中心

ADD／桃園市大園區領航北路四段382-5號2樓
2F., No.382-5, Sec. 4, Linghang N. Rd., Dayuan Dist., Taoyuan City 337, Taiwan (R.O.C.)
TEL／（886）3-381-1618 FAX／（886）3-381-1620
Mail：Orangestylish@gmail.com
粉絲團／https://www.facebook.com/OrangeStylish/

全球總經銷

聯合發行股份有限公司
ADD／新北市新店區寶橋路235巷6弄6號2樓
TEL／（886）2-2917-8022 FAX／（886）2-2915-8614
出版日期 2018年3月

請 貼 郵 票

橙實文化有限公司
CHENG -SHI Publishing Co., Ltd

337　桃園市大園區領航北路四段 382-5 號 2 樓

讀者服務專線：（003）381-1618

手殘媽咪也會做！120道親子野餐料理全攻略，暢銷慶功版

手作營養 親子常備料理

KID'S DESSERT

・120道壽司飯捲・

・三明治點心・

・輕食特餐・

天天都是野餐好日子

作者 —— 小潔

Orange Taste 系列　讀者回函

書系： **Orange Taste 10**

書名：手作營養親子常備料理：
　　　120 道壽司飯捲 ‧ 三明治點心 ‧ 輕食特餐，天天都是野餐好日子

讀者資料（讀者資料僅供出版社建檔及寄送書訊使用）

- 姓名：＿＿＿＿＿＿＿＿＿＿＿＿＿＿
- 性別：□男　　□女
- 出生：民國 ＿＿＿＿ 年 ＿＿＿＿ 月 ＿＿＿＿ 日
- 學歷：□大學以上　□大學　□專科　□高中（職）　□國中　□國小
- 電話：＿＿＿＿＿＿＿＿＿＿＿＿＿＿＿＿＿＿＿＿＿
- 地址：＿＿＿＿＿＿＿＿＿＿＿＿＿＿＿＿＿＿＿＿＿＿
- E-mail：＿＿＿＿＿＿＿＿＿＿＿＿＿＿＿＿＿＿＿＿
- 您購買本書的方式：□博客來　□金石堂（含金石堂網路書店）□誠品
  □其他 ＿＿＿＿＿＿＿＿＿＿＿＿＿＿＿＿＿＿（請填寫書店名稱）
- 您對本書有哪些建議？ ＿＿＿＿＿＿＿＿＿＿＿＿＿＿＿＿
- 您希望看到哪些親子育兒部落客或名人出書？ ＿＿＿＿＿＿＿＿
- 您希望看到哪些題材的書籍？ ＿＿＿＿＿＿＿＿＿＿＿＿＿＿
- 為保障個資法，您的電子信箱是否願意收到橙實文化出版資訊及抽獎資訊？
  □願意　　□不願意

買書抽大獎

1. 活動日期：即日起至 2018 年 4 月 25 日
2. 中獎公布：2018 年 4 月 30 日於橙實文化 FB 粉絲團公告中獎名單，請中獎人主動私訊收件資料，若資料有誤則視同放棄。
3. 抽獎資格：：購買本書並填妥讀者回函，郵寄到公司；或拍照 MAIL 到信箱。並於 FB 粉絲團按讚及參加粉絲團新書相關活動。
4. 注意事項：中獎者必須自付運費，詳細抽獎注意事項公布於橙實文化 FB 粉絲團，橙實文化保留更動此次活動內容的權限。

橙實文化 FB 粉絲團：https://www.facebook.com/OrangeStylish/

Arnest 三格平底鍋
市價約 1300 元 限量 3 份

**美國 OSTER Blend
Active 隨我型隨行杯**
（顏色隨機）
市價約 980 元 限量 2 份

**保麗晶 韓國魅惑紫白牙陶
瓷不沾平煎鍋**
市價約 666 元 限量 1 份